超可爱婴儿鞋钩织

小脚丫

〔英〕维塔·艾帕拉 著
王慧琳 译

河南科学技术出版社
·郑州·

超可爱婴儿鞋钩织

小脚丫

[英] 维塔·艾帕拉 著
王慧琳 译

Super Cute Crochet for Little Feet

图书在版编目（CIP）数据

小脚丫：超可爱婴儿鞋钩织/（英）艾帕拉著；王慧琳译. 一郑州：河南科学技术出版社，2015.7(2016.1 重印)

ISBN 978-7-5349-7829-6

Ⅰ.①小… Ⅱ.①艾… ②王… Ⅲ.①童鞋－绒线－编织－图集 Ⅳ.①TS941.763.8-64

中国版本图书馆CIP数据核字(2015)第127496号

出版发行：河南科学技术出版社
地址：郑州市经五路66号　邮编：450002
电话：（0371）65737028　65788613
网址：www.hnstp.cn

责任编辑：冯　英
责任校对：李晓娅
责任印制：朱　飞
印　　刷：广东省博罗园洲勤达印务有限公司
经　　销：全国新华书店
幅面尺寸：170mm×240mm　印张：8.75　字数：200千字
版　　次：2015年7月第1版　2016年1月第2次印刷
定　　价：39.80元

如发现印、装质量问题，影响阅读，请与出版社联系。

目录

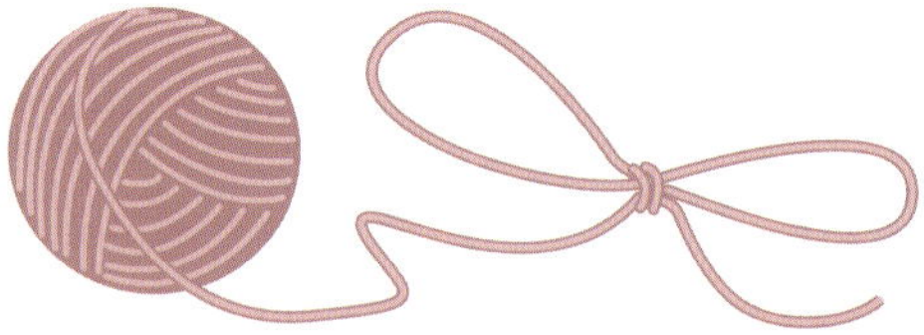

引言

我喜欢手工已经很多年了。小时候，外祖母教会了我钩织，稍后，妈妈教会了我编织。有一段时间我放弃了钩织，专心编织。当我成为母亲后，觉得有了更多的时间，比以往更热爱手工了。就是在那时，我又捡起了钩针，从此就再也放不下来了。

毋庸置疑，钩织是会上瘾的，在宝宝的衣物制作方面，钩织大有用武之地。钩织的所有作品，都是由钩针钩出的线圈形成的，所以，即使落到了那些闲不住的小手中，也不会损毁严重。另一个长处是钩出来的东西比编织的更结实，对忙碌的妈妈来说，这是额外的福利。

我一直喜欢自己设计款式。我开始在网上分享自己的作品，有很多人都很感兴趣，于是我就更频繁地创作新的款式，也因此在这时创建了“Mon Petit Violon”品牌店和博客。

本书包括30款婴儿鞋，适合任何季节和场合的款式都有。所有的款式都是以成人的风格为基础的，所以，可以使你的宝宝从小就置身于时尚之中，从头到脚搭配协调。

作品分为三部分：鞋子，靴子，凉鞋。鞋子钩起来最容易，有适合男孩子和女孩子的不同款式，可在换季比较凉爽时穿。靴子尽管钩起来花费的时间稍多一些，但难度不大，在一年中比较冷的月份里是必不可少的。根据所在地区的气候，你可以选用保暖性更好的线来钩靴子——羊驼线和羊毛线都是不错的选择。棉线或亚麻线比较适合钩温和的冬季甚至夏季穿的靴子。凉鞋钩起来有点复杂，不过费心是值得的，凉鞋是宝宝夏日衣柜中不可缺少的装备。

不同的款式要求的钩织技术水平不同，不过，大部分都在初学者的能力范围内（Ⅰ最简单，Ⅲ最有挑战性）。每种款式都有详细

款式说明

技术难度：
Ⅰ表示最简单的款式，Ⅲ表示最复杂的款式

用线：
根据线的规格的符号可以迅速确定用线的种类。
符号在134页能找到。

密度：
总是提醒你在开始钩织前检查密度，以确保钩出的成品尺寸准确无误。

针法与技法：
快速查看书后的相关技法，翻到“钩织基础”部分参阅入门指导。

的钩织说明和辅助的图片。按照款式一行行或一圈圈钩下去，就能钩出漂亮的作品，并能学会一些将来在自己的作品中用得到的技法。书后附有如何钩织基础针法的说明，以及作品中用到的一些特殊针法的介绍。如果你的宝宝是不喜欢穿鞋子的活力十足的孩子，你就要仔细看一下如何让鞋子更好地待在脚上的提示，并按照说明钩织防滑鞋底。

我希望你能喜欢这些款式，就像我喜欢创作这些款式一样。

祝你钩织快乐！

维塔·艾帕拉

超可爱的鞋子

鲜亮，活泼，魅力十足，这些可爱的鞋子会让你的宝宝格外引人注目，从布洛克鞋、懒汉鞋、鹿皮鞋、足尖鞋到玫瑰花蕾鞋和玛丽珍鞋，总有一款适合你的宝宝。

技术难度：Ⅰ

尺寸

适合年龄：

0～6个月，鞋底长度9cm
6～12个月，鞋底长度10cm
6～12个月的变化列在方括号 [ ] 内

用线

3

25g中粗线
颜色：红色

钩针

3.25mm钩针(美式D号)

密度

短针钩10针、10行
测量大小为5cm × 5cm

针法与技法

见钩织基础，133～140页

用到的技法：

按行钩织
按圈钩织
引入线
鞋底1

芭蕾平底鞋

这种从鞋跟到鞋尖只需一种线就能钩成的芭蕾平底鞋，是小小舞蹈家理想的选择。只需简单改变一下颜色，就能和心爱的芭蕾舞短裙匹配了！

鞋子

左右脚鞋子的钩织方法完全相同。

鞋底

钩织鞋底1。
打结后剪断线。

鞋面

把线引入鞋底后跟最中间的1针。

第1行：1锁针，在1锁针的底部1针上钩1短针，在接下来的45[49]针上各钩1短针，翻转。

第2～3行：1锁针，接下来的46[50]针上各钩1短针，翻转。

第4行：1锁针，接下来的15[17]针上各钩1短针，(跳过下1针，接下来的1针上钩1短针) 2次，接下来的8针上各钩1短针，(跳过下1针，接下来的1针上钩1短针) 2次，接下来的15[17]针上各钩1短针，翻转。

第5行：1锁针，接下来的14[16]针上各钩1短针，(跳过下1针，接下来的1针上钩1短针) 2次，接下来的6针上各钩1短针，(跳过下1针，接下来的1针上钩1短针) 2次，接下来的14[16]针上各钩1短针，翻转。

第6行：1锁针，接下来的13[15]针上各钩1短针，(跳过下1针，接下来的1针上钩1短针) 2次，接下来的4针上各钩1短针，(跳过下1针，接下来的1针上钩1短针) 2次，接下来的13[15]针上各钩1短针，翻转。

第7行：1锁针，接下来的12[14]针上各钩1短针，(跳过下1针，接下来的1针上钩1短针) 2次，接下来的2针上各钩1短针，(跳过下1针，接下来的1针上钩1短针) 2次，接下来的12[14]针上各钩1短针，翻转。

第8行：1锁针，接下来的11[13]针上各钩1短针，(跳过下1针，接下来的1针上钩1短针) 4次，接下来的11[13]针上各钩1短针，翻转 (见图1)。面对反面(把里面翻出来)，把正面在脚后跟处的边合在一起，钩针穿过2层，用引拔针把两半连在一起(见图2)。

线头要留很长，把线引入鞋口前边中间的1针。沿着鞋口钩引拔针。打结后剪断线，线头留长一些(见图3)。用两个线头打个蝴蝶结。

把所有线头藏好。

技术难度： II

尺寸

适合年龄：

0～6个月，鞋底长度9cm
6～12个月，鞋底长度10cm
6～12个月的变化列在方括号 [ ] 内

用线

3

主色线：
25g中粗线
颜色：亮绿色

配色线：
少量中粗线
颜色：奶白色，黄色

钩针及其他材料

3.25mm钩针(美式D号)
毛线缝针

密度

短针钩10针、10行
测量大小为5cm×5cm

针法与技法

见钩织基础，133～140页

用到的技法：
按行钩织
按圈钩织
引入线
鞋底1

玛丽珍鞋

辫子形鞋襻，菊花形鞋扣，这是一款低调奢华的亮绿色玛丽珍鞋。为即将到来的夏日户外欢聚钩一双吧，谁能抵挡得住这种诱惑呢?

鞋子

下面分别介绍了左脚和右脚鞋带的钩织方法。

鞋底

用主色线钩织鞋底1。
线不要剪断，继续钩鞋面。

用主色线钩。

鞋面

第1圈： 1锁针，接下来的46[50]针上各钩1短针，用引拔针与第1针短针连成1圈。

第2圈： 重复第1圈。

第3圈： 1锁针，接下来的6[7]针上各钩1短针，跳过下面2针，接下来的14[16]针上各钩1长针，跳过下面2针，接下来的22[23]针上各钩1短针，用引拔针与第1针短针连成1圈(见图1)。

第4圈： 1锁针，接下来的6[7]针上各钩1短针，跳过下面2针，接下来的10[12]针上各钩1长针，跳过下面2针，接下来的22[23]针上各钩1短针，用引拔针与第1针短针连成1圈。

第5圈： 1锁针，接下来的6[7]针上各钩1短针，*跳过下1长针，在接下来的1长针上钩1短针； 从* 再重复4[5]次，接下来的8[9]针上各钩1短针，接下来的14针上各钩1中长针，用引拔针与第1针短针连成1圈。

第6圈： 1锁针，接下来的19[22]针上各钩1短针，*跳过下1针，接下来的1针上钩1短针；从* 再重复6次，用引拔针与第1针短针连成1圈 (见

1

2

3

提示

17页钩的花朵用作扣子，不过你也可以选择自己喜欢的漂亮扣子来代替。还可以在花朵中间放上一粒扣子，用线缝在一起。

图2)。

右脚鞋带

线不要剪断，继续如下钩织鞋带：在接下来的2短针上各钩1引拔针，*钩12锁针，在从钩针数的第2个锁针上钩1短针，在接下来的每针锁针上钩1短针，在接下来的短针上钩引拔针（朝鞋尖的方向）；从*再重复2次。

打结后剪断线（见图3）。

左脚鞋带

打结后剪断线。把线引入鞋子的另一侧(见图4)。*钩12锁针，在从钩针数的第2个锁针上钩1短针，在接下来的每针锁针上钩1短针，在12锁针后的短针上钩引拔针；从*再重复2次。打结后剪断线（见图5）。

鞋襻

把钩出的3条带子编成辫子。剪一长段毛线，把辫子的尾部缝起来固定好（见图6)。把毛线上的缝针取下，把钩针插入辫子的一侧(线在的那一侧)，把线绕在钩针上，用钩针钩过来(见图7)。钩6锁针，在辫子的另一侧钩引拔针，形成1个环(见图8)。

翻转,在环上钩8短针。打结后剪断线 (见图9)。用3条带子编辫子时，要松散一些，这样形成的襻带能宽一些。

花边

用配色线钩 (奶白色)。

标出鞋口前面最中间的7针。面对正面，把线引入标出的最左边的1针。

第1圈： *4锁针，在接下来的短针上钩引拔针；从*再重复5次。打结后剪断线 (见图10)。

花朵

用配色线钩。

基础环： 用黄色线。4锁针，用引拔针连成1圈。

第1圈： 1锁针，在环上钩9短针，换成奶白色线，在圈上的第1个锁针上钩引拔针。

第2圈： *3锁针，下1针钩引拔针；从*再重复8次 (钩9个花瓣)。 打结后剪断线 (见图11)。把花朵缝在鞋的外侧边上，当作纽扣，与襻带相配。

把所有线头藏好。

懒汉鞋

当有闲暇在房间中晃悠时，有什么能比这双可爱的懒汉鞋更舒服呢?以经典设计为基础，彩色的鞋面可以换成任何更符合孩子喜好的颜色。

技术难度： II

尺寸

适合年龄：

0~6个月，鞋底长度9cm
6~12个月，鞋底长度10cm
6~12个月的变化列在方括号[ ]内

用线

3

主色线：
25g中粗线
颜色：浅蓝色

配色线：
25g中粗线
颜色：白色

钩针

3.25mm钩针(美式D号)

密度

短针钩10针、10行
测量大小为5cm×5cm

针法与技法

见钩织基础，133~140页

用到的特殊针法：
正浮长针
反浮长针
长针2针并1针

用到的技法：
按行钩织
按圈钩织
引入线
双层鞋底1

鞋子

左右脚鞋子的钩织方法完全相同。

鞋底

用配色线钩织双层鞋底1。
打结后剪断线。

鞋面

用主色线钩,两种尺寸钩的针数相同。标出鞋尖最中间的7针。面对正面，把线引入标出的最左侧的1针。在连接鞋底的引拔针上钩引拔针，继续如下钩织：

第1行： 1锁针，在1锁针的底部钩2短针，接下来的6针上各钩2短针，沿着鞋底在接下来的2引拔针上各钩1引拔针，翻转 (见图1)。

第2行： 跳过2引拔针，接下来的14针上各钩1长针，跳过接下来的鞋底上的引拔针，沿着鞋底在接下来的2引拔针上各钩1引拔针，翻转。

第3行： 跳过2引拔针，*在下1针上钩1正浮长针，在下1针上钩1反浮长针；从*再重复6次，跳过接下来的鞋底上的引拔针，沿着鞋底在接下来的2引拔针上各钩1引拔针，翻转 (见图2)。

第4行： 跳过2引拔针，*在下1针上钩1反浮长针,在下1针上钩1正浮长针；从*再重复6次,跳过接下来的鞋底上的引拔针，沿着鞋底在接下来的2引拔针上各钩1引拔针，翻转。

第5～6行： 重复第3～4行。

第7行： 跳过2引拔针，接下来的14针上各钩1短针 (见图3)。

继续钩鞋帮。

鞋帮

用主色线钩。

第1行：在接下来的鞋底22[26]针引拔针上各钩1短针，在鞋面的第1个短针上钩引拔针，翻转（见图4）。

第2行：跳过引拔针，接下来的22[26]针上各钩1短针，在接下来鞋面的短针上钩引拔针，翻转。

第3～5行：重复第2行3次(见图5)。

第6行：跳过引拔针，接下来的5[6]针上各钩1短针，钩6[7] 次长针2针并1针，接下来的5[6]针上各钩1短针，在接下来鞋面的短针上钩引拔针，翻转（见图6）。

鞋口

用主色线钩。

第1圈：跳过引拔针，接下来的16[19]针上各钩1短针，在鞋面的下1针钩引拔针，不翻转在接下来鞋面的3针上各钩1短针，下1针上钩5长针，接下来的3针上各钩1短针，下1针钩引拔针(见图7)。

打结后剪断线。

把所有线头藏好。

提示

鞋面可以按照自己的创意来钩，只要保持基础的14针就可以了。或者只是简单用短针来代替正浮长针和反浮长针，看起来也会有变化。

技术难度： II

尺寸

适合年龄：

0～6个月，鞋底长度9cm

6～12个月，鞋底长度10cm

6～12个月的变化列在方括号 [ ] 内

用线

3

25g中粗线

颜色：粉色

钩针

3.25mm钩针(美式D号)

密度

短针钩10针、10行

测量大小为5cm × 5cm

针法与技法

见钩织基础，133～140页

用到的特殊针法：

贝壳针

用到的技法：

按行钩织

按圈钩织

引入线

足尖鞋

令人赞叹的足尖鞋是芭蕾舞女演员喜欢穿的鞋。这种鞋没有鞋底，是从足尖开始钩起的。一般采用奶白色，浅蓝色，或这里的亮粉色。

鞋子

左右脚鞋的钩织方法完全一样。

鞋尖

基础环： 4锁针，用引拔针与第1针锁针连成1圈。

第1圈： 3锁针(当作1长针)，在环上钩23长针，用引拔针与3锁针的第3针连成1圈(见图1)。

第2圈： 1锁针，*跳过2针，在接下来的1针上钩贝壳针， 跳过下面2针，接下来的1针上钩1短针；从*再重复3次，但在最后1次重复中，最后的1短针换为引拔针，与1锁针处连成1圈(见图2)。

第3圈： 5锁针，在5锁针底部的1针上钩1长针，*在接下来的贝壳针的第2个长针上钩1短针，在下1个短针上钩1贝壳针；从*再重复2次，在接下来的贝壳针的第2个长针上钩1短针，在这1圈的第1个长针的位置再钩1长针，2锁针，用引拔针与5锁针处的第3针锁针连成1圈。

第4圈： 1锁针，*在接下来的短针上钩贝壳针，在接下来贝壳针的第2个长针上钩1短针；从*再重复3次，但在最后1次重复中，最后的1短针换为引拔针，与1锁针处连成1圈。

0～6个月的鞋子要把第3～4圈再重复1次；6～12个月要重复2次（见图3）。线不要剪断，继续钩后帮。

后帮

第1行： 1锁针,接下来的18针上各钩1短针(最后1个贝壳针不钩)，翻转。

第2行： 1锁针，接下来的18针上各钩1短针，翻转。

第3～8行： 再重复第2行6次。打结后剪断线（见图4）。

后跟

把线引入后帮左手边第7针。

第1行： 1锁针，在1锁针的基础上

钩1短针，接下来的5针上各钩1短针，在接下来的2针上各钩1引拔针，翻转（见图5）。

第2行： 跳过2引拔针，接下来的6短针上各钩1短针，接下来的2短针（在后帮一侧留下来没钩的针）上各钩1引拔针，翻转（见图6）。

第3～4行： 再重复第2行2次。

第5行： 跳过2引拔针，接下来的6短针上各钩1短针，在接下来的短针上沿着后帮的边钩引拔针，翻转。

第6行： 跳过引拔针，接下来的6短针上各钩1短针，在接下来沿着后帮边的短针上钩引拔针，翻转。

第7～8行： 重复第6行2次（见图7）。

鞋口

第1圈： 1锁针，沿着鞋口均匀地钩短针，用引拔针与第1针短针连成1圈。打结后剪断线。

系带

40锁针，在后跟的第1针上钩1短针（见图8），接下来的5针上各钩1短针，40锁针。打结后剪断线（见图9）。

把所有线头藏好。

布洛克鞋

穿着讲究的人配上这款帅气的双色鞋就完美了。鞋子的头部和后跟处采用不同的颜色，完美再现了这款经典的设计。

技术难度： II

尺寸

适合年龄：

0 ~ 6个月，鞋底长度9cm

6 ~ 12个月，鞋底长度10cm

6 ~ 12个月的变化列在方括号 [ ] 内

用线

3 1

主色线：

25g中粗线

颜色：奶白色

配色线：

少量超细线

颜色：深棕色

钩针及其他材料

3.25mm钩针(美式D号)

毛线缝针

密度

短针钩10针、10行

测量大小为5cm × 5cm

针法与技法

见钩织基础，133 ~ 140页

用到的特殊针法：

短针2针并1针

用到的技法：

按行钩织

按圈钩织

在前线圈和后线圈上钩

引入线

双层鞋底1

拧线绳

鞋子

左右脚鞋子的钩织方法完全相同。

鞋底

用主色线钩织双层鞋底1。

打结后剪断线。

鞋面

用配色线钩。标出鞋尖最中间的7针。面对正面，把线引入标出的最左侧的1针。在连接鞋底的引拔针上钩引拔针，继续如下钩织：

第1行： 1锁针,在1锁针底部钩2短针，接下来的6针上各钩2短针，沿着鞋底在接下来的2引拔针上各钩1引拔针，翻转 (见20页的图1)。

第2行： 跳过2引拔针，接下来的14针上各钩1短针，跳过鞋底的1引拔针，在鞋底的下1针上钩1引拔针，翻转。

第3行： 跳过引拔针，接下来的14针上各钩1短针，跳过接下来的引拔针，沿着鞋底的下1针钩引拔针，翻转。

再重复第3行3[5]次。打结后剪断线(见图1)。

鞋帮

用主色线钩，两种尺寸钩的针数相同。把线引入鞋底后跟最中间的1针(每边13针)。只在连接鞋底的引拔针的后线圈上钩引拔针。

第1圈： 1锁针，跳过1锁针底部的1针，接下来的13针上各钩1短针，跳过引拔针，在鞋面的第1针上钩1短针，接下来的1针上钩1短针，*沿着鞋面钩短针2针并1针，接下来的2针上各钩1短针；从*再重复2次，接下来的13针上各钩1短针，用引拔针与第1针短针连成1圈(见图2)。

第2圈： 1锁针，接下来的13针上各钩1短针，跳过下1针，接下来的9针上各钩1短针，跳过下1针，接下来的13针上各钩1短针，用引拔针与第1针短针连成1圈。

第3圈： 3锁针(当作1长针)，接下来的10针上各钩1长针，接下来的3针上各钩1短针，跳过下1针，接下来

的7针上各钩1短针，跳过下1针，接下来的3针上各钩1短针，接下来的10针上各钩1长针，用引拔针与3锁针的第3针连成1圈(见图3)。

第4圈： 1锁针，接下来的13针上各钩1短针，跳过下1针，接下来的5针上各钩1短针，跳过下1针，接下来的13针上各钩1短针，用引拔针与第1针短针连成1圈。

第5圈： 1锁针，接下来的13针上各钩1短针，跳过下1针，接下来的3针上各钩1短针，跳过下1针，接下来的13针上各钩1短针，用引拔针与第1针短针连成1圈。打结后剪断线。

后跟

用配色线钩。把线引入从鞋面数的第6针处，从那里开始钩。只钩连接双层鞋底的引拔针的前线圈。

第1行： 1锁针，在1锁针底部的1针上钩1短针，接下来的16针上各钩1短针，翻转（见图4)。

第2行： 1锁针，跳过下1针，在每针上钩1短针直到最后2针，跳过下1针，最后1针钩1短针，翻转。

第3～8行： 重复第2行6次。

打结后剪断线。

把线引入第1行的第1针，在后跟行边缘上均匀地钩1短针。打结后剪断线（见图5)。

把配色线穿入毛线缝针，用回针缝的方式把后跟的边与鞋的后帮缝在一起(见图6)。注意不要完全穿过第2层，这样可以避免缝线显露出来。

把所有线头藏好。

用配色线拧2根35cm长的线绳。用钩针把线绳穿入鞋面，拉紧。

技术难度： II

尺寸

适合年龄：

0～6个月，鞋底长度9cm
6～12个月，鞋底长度10cm
6～12个月的变化列在方括号 [ ] 内

用线

4

25g粗线
颜色：奶白色

钩针及其他材料

3.5mm (美式E号)钩针
2粒扣子

密度

短针钩9针、9行
测量大小为5cm × 5cm

针法与技法

见钩织基础，133～140页

用到的特殊针法：

贝壳束针

用到的技法：

按圈钩织
在后线圈上钩
鞋底2

雕花鞋

一套轻薄的夏装与这双秀美的鞋子是绝配。可以选用任何喜欢的颜色，再配上形状漂亮或闪亮的扣子。

鞋子

下面分别介绍了左脚和右脚鞋面的钩织方法。

鞋底

钩织鞋底2。
线不要剪断，继续钩鞋面。

右脚鞋面

第1圈： 只在后线圈上钩，1锁针，接下来的42[46]针上各钩1短针，用引拔针与第1针短针连成1圈。
第2圈： 在两个线圈上钩，1锁针，接下来的42[46]针上各钩1短针，用引拔针与第1针短针连成1圈。

第3圈： 1锁针，接下来的9[11]针上各钩1短针，跳过接下来的3针，下1针钩贝壳束针，跳过接下来的3针，接下来的26[28]针上各钩1短针，用引拔针与第1针短针连成1圈(见图1)。

第4圈： 1锁针，接下来的6[8]针上各钩1短针，1锁针，跳过接下来的3短针，*跳过接下来的束针，在接下来的3锁针处钩1短针，1锁针；从*再重复2次，跳过最后1束针，跳过接下来的3短针，接下来的23[25]针上各钩1短针，用引拔针与第1针短针连成1圈(见图2)。

第5圈： 1锁针，接下来的4[5]针上各钩1短针，3锁针，跳过接下来的5[6]针(1锁针当作1针)，下1短针上钩1短针，3锁针，跳过接下来的5[6]针(1锁针当作1针)，接下来的21[22]针上各钩1短针，用引拔针与第1针短针连成1圈。

继续如下钩鞋带：12[14]锁针，在从钩针数的第7个锁针上钩1短针，在接下来的每针锁针上钩1短针，在接下来的短针上钩引拔针。打结后剪断线(见图3)。

左脚鞋面

第1～4圈： 钩法同右脚鞋面。

第5圈： 1锁针，接下来的4[5]针上各钩1短针，3锁针，跳过接下来的5[6]针(1锁针当作1针)，下1短针上钩1短针，3锁针，跳过接下来的5[6]针(1锁针当作1针)，接下来的5[6]针上各钩1短针。

继续如下钩鞋带：12[14]锁针，在从钩针数的第7个锁针上钩1短针，在接下来的每针锁针上钩1短针，在接下来的短针上钩引拔针，接下来的15[15]针上各钩1短针，用引拔针与1锁针连成1圈。打结后剪断线。

把所有线头藏好。每只鞋上缝上1粒扣子，用来固定鞋带。

技术难度：Ⅰ

尺寸

适合年龄：

0～6个月，鞋底长度9cm
6～12个月，鞋底长度10cm
6～12个月的变化列在方括号[ ]内

用线

3

主色线：
25g中粗线
颜色：奶白色

配色线：
少量中粗线
颜色： 亮绿色， 红色

钩针及其他材料

3.25mm钩针(美式D号)
毛线缝针

密度

短针钩10针、10行
测量大小为5cm×5cm

针法与技法

见钩织基础，133～140页

用到的特殊针法：
短针2针并1针

用到的技法：
按圈钩织
在后线圈上钩
引入线
鞋底1

樱桃浅口鞋

有谁会不喜欢这款精心制作的圆圆的便鞋呢？经典的奶白色的鞋面上装饰的亮绿色，在鞋子的前面形成了两片叶子的形状。樱桃是单独钩好，最后再缝上去的。

鞋子

左右脚鞋子的钩织方法完全相同。

鞋底

用主色线钩织鞋底1。
线不要剪断，继续钩鞋面。

鞋面

用主色线钩。

第1圈：只在后线圈上钩，1锁针，在接下来的45[49]针上各钩1短针，用引拔针与第1针短针连成1圈。

第2～4圈：在两个线圈上钩。重复第1圈(见图1)。

第5圈： 1锁针，接下来的4[6]针上各钩1短针,钩11次短针2针并1针，接下来的19[21]针上各钩1短针，用引拔针与第1针短针连成1圈(见图2)。

第6圈： 引入配色线(绿色)，1锁针，接下来的3[5]针上各钩1短针。5锁针，跳过接下来的6针，接下来的1针上钩1短针，5锁针，跳过接下来的6针，下1针钩引拔针 (见图3)。翻转，5锁针，跳过5锁针，下1短针上钩1短针，5锁针，跳过接下来的5锁针，在接下来的短针上钩引拔针 (见图4)。翻转，5锁针，跳过接下来的5锁针，下1短针上钩1短针，5锁针，跳过接下来的 5锁针，在上1行钩引拔针的同一针上钩1短针，接下来的17[19]针上各钩1短针，用引拔针与第1针短针连成1圈。 打结后剪断线。

樱桃

用配色线钩 (红色)；钩4个。

基础环： 3锁针,用引拔针连成1圈。

第1圈： 1锁针，在环上钩8个短针，用引拔针与第1针短针连成1圈。

打结后剪断线，留一段线头，用来把2颗樱桃缝到鞋上。

把所有线头藏好。

技术难度： II

尺寸

适合年龄：

0～6个月，鞋底长度9cm
6～12个月，鞋底长度10cm
6～12个月的变化列在方括号 [ ] 内

用线

3

主色线：
25g中粗线
颜色：浅灰色
配色线：
少量中粗线
颜色：暗粉色

钩针及其他材料

3.25mm钩针(美式D号)
毛线缝针

密度

短针钩10针、10行
测量大小为5cm×5cm

针法与技法

见钩织基础，133～140页

用到的特殊针法：
短针2针并1针
用到的技法：
按行钩织
按圈钩织
在前线圈上钩
鞋底1

玫瑰花蕾鞋

没有这款优雅的单鞋，聚会就不会完美。漂亮的粉色玫瑰先钩出扁平的花瓣，最后缝到鞋上时形成了聚拢的花蕾形状。

鞋子

左右脚鞋子的钩织方法完全相同。

鞋底

用主色线钩织鞋底1。
线不要剪断，继续钩鞋面。

鞋面

用主色线钩。

鞋底反面朝上，面对反面钩。

第1圈：只在前线圈上钩，1锁针，在下面1圈的引拔针上钩1短针，在接下来的每针上各钩1短针(47[51]短针)，用引拔针与第1针短针连成1圈。

第2圈：在两个线圈上钩，1锁针，跳过1锁针底部的1针，*接下来的1针上钩1短针，接下来的1针上钩1长针；从*再重复22[24]次，用引拔针与第1针短针连成1圈。

第3圈：1锁针，在接下来的46[50]针上钩各钩1短针，用引拔针与第1针短针连成1圈。

第4圈：1锁针，*接下来的1针上钩1短针，接下来的1针上钩1长针；从*再重复22[24]次，用引拔针与第1针短针连成1圈。

第5圈：1锁针,在接下来的22针上各钩1短针，钩8[10]次短针2针并1针，接下来的8针上各钩1短针，用引拔针与第1针短针连成1圈 (见图1)。

第6圈：1锁针，*接下来的1针上钩1短针，接下来的1针上钩1长针；从*再重复18 [19]次，用引拔针与

提示

鞋底钩成后，一定要在鞋子的反面钩，这对于成功完成款式的钩织非常重要。

第1针短针连成1圈。

第7圈： 1锁针，接下来的22[21]针上各钩1短针，钩4[6]次短针2针并1针，接下来的8[7]针上各钩1短针，用引拔针与第1针短针连成1圈。

第8圈： 1锁针，*接下来的1针上钩1短针，在接下来的1针上钩1长针；从* 再重复16次，用引拔针与第1针短针连成1圈。

把鞋子正面翻出来(见图2)。线不要剪断，如下钩鞋带：25锁针，在25锁针起始处的引拔针上钩1短针，在接下来沿着后跟的15针上各钩1短针，25锁针，在25锁针起始处钩引拔针。打结后剪断线 (见图3)。

花朵

用配色线钩。

基础链： 20锁针。

第1行： 在从钩针数的第4针上钩3长针，*跳过接下来的1锁针，在下1锁针上钩(1短针，2锁针，3长针)；从 * 重复至最后2针，跳过接下来的1锁针，最后1锁针上钩1短针。

打结后剪断线，线头留长一些(见图4)。

把线头穿入毛线缝针。从最后1个花瓣处开始缝，边走边缝，使花瓣收卷起来，沿着锁针边形成花朵扁平的底部(见图5)。

把花朵缝到鞋面上(见图6)。

把所有线头藏好。

技术难度：Ⅲ

尺寸

适合年龄：

0～6个月，鞋底长度9cm
6～12个月，鞋底长度10cm
6～12个月的变化列在方括号[ ]内

用线

3

50g中粗线
颜色：蓝绿色

钩针及其他材料

3.25mm钩针(美式D号)
4粒扣子

密度

短针钩10针、10行
测量大小为5cm×5cm

针法与技法

见钩织基础，133～140页

用到的特殊针法：

长针2针并1针
螃蟹针

用到的技法：

按行钩织
按圈钩织
在后线圈上钩
引入线
鞋底1

克骆格鞋

配有“铆接结构”的踝带，这款好玩的鞋脱胎于最新款的男女皆宜的夏季经典款塑料鞋。选择与原型相同的鲜亮的颜色，踝带可以选用对比色。

鞋子

左右脚鞋子的钩织方法完全相同。

鞋底

钩织鞋底1。
打结后剪断线。

鞋帮

把线引入鞋底后跟最中间的1针。

第1行：只钩后线圈。3锁针(当作1长针)，接下来的45[49]针上各钩1长针，翻转。

第2行：在两个线圈上钩，1锁针 (不当作1针)， 在1锁针底部钩1短针，把钩针插入同一针，拉出1个线圈，把钩针插入下1针，拉出1个线圈，把最后1个线圈直接从钩针上的两个线圈中拉出。 *把钩针插入刚才钩完1针的同一针中，挂线，拉出1个线圈，把钩针插入下1针中，拉出1个线圈，把最后1个线圈直接从钩针上的两个线圈中拉出；从*重复至最后1针(45[49]针)，在第1行3锁针处的第3针上钩引拔针，翻转。

第3行：3锁针(当作1长针)，只钩后线圈。跳过引拔针，接下来的10[12]针上各钩1长针，钩12次长针2针并1针，接下来的11[13]针上各钩1长针，翻转 (见图1)。

第4行：在两个线圈上钩，1锁针 (不当作1针)，在1锁针的底部钩1短针，把钩针插入同一针，拉出1个线圈，把钩针插入下1针，拉出1个线圈，把最后1个线圈直接从钩针上的两个线圈中拉出。*把钩针插入刚才钩完1针的同一针中，挂线，拉出1个线圈，把钩针插入下1针中，拉出1个线圈，把最后1个线圈直接从钩针上的两个线圈中拉出；从*重复至最后1针(33[37]针)，在第3行3锁针处的第3针上钩引拔针，翻转。

第5行：只钩后线圈。3锁针(当作1长针)，跳过引拔针，接下来的7[9]针上各钩1长针，*跳过2针，在接下来1针上钩1长针；从* 再重复5次，接下来的8[10]针上各钩1长针(见图2)。

把鞋子的里面翻出来，把线引入后跟的边上，沿着边钩引拔针，把后跟两边连在一起。打结后剪断线。把鞋子正面翻出来。

钩边

把线引入鞋后帮的中央。

第1圈：1锁针，在每针上钩螃蟹针，用引拔针与第1针短针连成1圈。打结后剪断线 (见图3)。

鞋带

基础链：25[27]锁针。

第1行：在从钩针数的第2个锁针上钩1短针，在接下来的每针锁针上钩1短针 (24[26]短针)， 翻转。

第2行： 1锁针（不当作1针），在第1针上钩1短针，把钩针插入同一针，拉出1个线圈，把钩针插入下1针，拉出1个线圈，把最后1个线圈直接从钩针上的两个线圈中拉出。*把钩针插入刚才钩完1针的同一针中，挂线，拉出1个线圈，把钩针插入下1针中，拉出1个线圈，把最后1个线圈直接从钩针上的两个线圈中拉出；从*重复至最后1针(24[26]针)，翻转。
第3行： 只钩后线圈。1锁针，接下来的24[26]针上各钩1短针。打结后剪断线（见图4）。

把所有线头藏好。

把1粒扣子放到鞋带一端，一起缝到鞋子的一边；把第2粒扣子放到鞋带的另一端，缝到鞋子的另一边。

提示

注意鞋面和鞋带的第2行，你需要把最后1个线圈直接从钩针上的两个线圈中拉出，不需要挂线，直接把最后1个线圈拉过钩针上的线圈即可。

技术难度： III

尺寸

适合年龄：

0～6个月，鞋底长度9cm
6～12个月，鞋底长度10cm
6～12个月的变化列在方括号［ ］内

用线

3 1

主色线：
25g中粗线
颜色：黄褐色

配色线：
少量超细线
颜色：浅棕色

钩针

3.25mm钩针(美式D号)

密度

短针钩10针、10行
测量大小为5cm×5cm

针法与技法

见钩织基础，133～140页

用到的特殊针法：
长针2针并1针

用到的技法：
按行钩织
按圈钩织
在后线圈上钩
在剩余的线圈上钩
引入线
鞋底1
拧线绳

鹿皮鞋

如果追求舒适，你再也找不到比这款鹿皮鞋更合适的鞋了 —— 穿着休闲装四处闲逛时最好的选择。这款设计包括的装饰技法有：颜色不同的鞋带，带穗的软边等。

鞋子

左右脚鞋子的钩织方法完全相同。

鞋底

用主色线钩织鞋底1。
线不要剪断，继续钩鞋面。

鞋面

用主色线钩。

第1圈： 只钩后线圈。1锁针， 接下来的45[49]短针上各钩1短针， 用引拔针与第1针短针连成1圈。

第2～4圈： 在两个线圈上钩，重复第1圈。

第5圈： 在两个线圈上钩，1锁针，接下来的5[6]针上各钩1短针。只钩后线圈，钩9[10]次长针2针并1针。在两个线圈上钩，接下来的22[23]针上各钩1短针，用引拔针与第1针短针连成1圈（见图1）。

第6圈： 1锁针，接下来的3[4]针上各钩1短针，跳过下面2针，接下来的9[10]针上各钩1长针，跳过下面2针,接下来的20[21]针上各钩1短针，用引拔针与第1针短针连成1圈，在接下来的3[4]针上各钩1引拔针，翻转。继续钩后帮，按行钩织（见图2）。

后帮

用主色线钩。

第1行： 1锁针，接下来的4[5]针引拔针上各钩1短针，接下来的19[20]针上各钩1短针，翻转。

第2行： 1锁针，接下来的23[25]针

上各钩1短针，翻转。
第3～8行： 重复第2行。
第9行： *6锁针，下1针钩引拔针；从*重复至行末，翻转（见图3）。
把后帮向下折叠，使第8行与第1行相遇，穿过第8行和第1行钩，在每针上钩引拔针，将2行连在一起(见图4)。

鞋舌

用主色线钩。在鞋面的9[10]长针上钩。
第1行： 1锁针，在1锁针底部的1针上钩1短针，接下来的 8[9]针上各钩1短针。翻转(见图5)
第2行： 1锁针，在接下来的9[10]针上各钩1短针，翻转。
第3～5行： 重复第2行。
第6行： 1锁针，跳过下1针，下面6[7]针上各钩1短针，跳过下1针，最后1针上钩1短针。打结后剪断线(见图6)。

钩边

用主色线钩。面对正面，把线引入右手侧鞋面第5圈剩余的线圈中，在每个线圈中钩引拔针。打结后剪断线(见图7)。

把所有线头藏好。用配色线拧2根50cm长的线绳。用钩针把线绳穿入鞋后帮的上边缘。(见图8)。

超可爱的靴子

这是一组多彩、漂亮的宝宝靴，孩子们都喜欢穿着它们四处游逛。风格迎合了现今男孩、女孩的喜好和需要。不论什么场合，总能找到一款适合的：运动风格的棒球靴，适合聚会的优雅款的复古靴，干活时需要的耐穿的工作靴。

技术难度：Ⅰ

尺寸

适合年龄：

0～6个月，鞋底长度9cm
6～12个月，鞋底长度10cm
6～12个月的变化列在方括号 [ ] 内

用线

主色线：
50g中粗线
颜色：暗粉色

配色线：
25g中粗线
颜色：白色

钩针及其他材料

3.25mm钩针(美式D号)
毛线缝针

密度

短针钩10针、10行
测量大小为5cm×5cm

针法与技法

见钩织基础，133～140页

用到的特殊针法：
短针2针并1针

用到的技法：
按行钩织
按圈钩织
在前线圈和后线圈上钩
鞋底1

复古靴

最甜蜜的“第一双”靴子，踝部是好看的蕾丝，一侧有醒目的蝴蝶结。这款漂亮的靴子带有几分维多利亚时代的优雅。

靴子

左右脚靴子的钩织方法完全相同。

鞋底

用主色线钩织鞋底1。
线不要剪断，继续钩鞋面。

鞋面

用主色线钩。

只在后线圈上钩(第1 ~ 10圈)。

第1圈：1锁针，跳过1锁针底部的1针，在接下来的45[49]针上钩短针，用引拔针与第1针短针连成1圈。

第2 ~ 3圈：重复第1圈(见图1)。

第4圈：1锁针，接下来的6针上各钩1短针，*跳过下1针，接下来的1针上钩1短针；从*再重复8[10]次，接下来的21针上各钩1短针，用引拔针与第1针短针连成1圈。

第5圈：1锁针，接下来的4针上各钩1短针，*跳过下1针，接下来的1针上钩1短针；从*再重复5[6]次，接下来的20针上各钩1短针，用引拔针与第1针短针连成1圈。

第6圈：1锁针，接下来的30[31]针上各钩1短针，用引拔针与第1针短针连成1圈。

第7圈：1锁针，接下来的3针上各钩1短针，*跳过下1针，接下来的1针上钩1短针；从*再重复4次，接下来的17[18]针上各钩1短针，用引拔针与第1针短针连成1圈。

第8圈：1锁针，接下来的25[26]针上各钩1短针，用引拔针与第1针短针连成1圈。

第9 ~ 10圈：重复第8圈(见图2)。

在两个线圈上钩(第11 ~ 13圈)：

第11圈：3锁针(当作1长针)，在接下来的1针上钩1长针，*跳过下1针，1锁针，接下来的2针上各钩1长针；从*再重复7次，1锁针，用引拔针与3锁针的第3针连成1圈。对于6 ~ 12个月的靴子，跳过最后1针。

第12圈：5锁针，跳过下1长针，在接下来的1锁针处钩1长针，*2锁针，跳过接下来的2长针，在接下来的1锁针处钩1长针；从*再重复7次，用引拔针与5锁针的第3针连成1圈。

第13圈：1锁针，*接下来的2锁针处各钩5长针，跳过下1长针，接下来的2锁针处钩1短针；从*再重复4次，但在最后1次重复中，在前1圈的引拔针上钩引拔针代替短针。打结后剪断线(见图3)。

蝴蝶结

用配色线钩。

第1行：3锁针，在从钩针数的第2个锁针上钩1短针，接下来的锁针上钩1短针，翻转。

第2行：1锁针，接下来的2针上各

钩2短针，翻转。
第3行：1锁针，接下来的4针上各钩1短针，翻转。
第4～11行：再重复第3行8次。
第12行：1锁针，钩2次短针2针并1针，翻转。
第13行：1锁针，接下来的2针上各钩2短针，翻转。
第14～22行：再重复第3行9次。
第23行：1锁针，钩2次短针2针并1针。
把两端放到一起，用引拔针相连。打结后剪断线，线头留长一些。

提示

这款优雅的靴子用蓝色、紫色、绿色钩都一样好看。如果喜欢，可以把一侧的蝴蝶结钩得略小一些，只需用细一些的毛线和小一些的钩针就可以了。

蝴蝶尾
用配色线钩。
第1行：4锁针，在第2个锁针上钩1短针，在下面的每个锁针上各钩1短针，翻转。
第2行：1锁针，接下来的3针上各钩1短针，翻转。
第3～5行：再重复第2行3次。
第6行：3锁针(当作1长针)，跳过下1针，在最后1针上钩1长针。翻转。
第7行：1锁针，接下来的1针上钩2短针，接下来的1针上钩1短针，翻转。
第8～11行：再重复第2行4次。打结后剪断线(见图4)。

把蝴蝶结熨烫一下，使接缝在中间位置，放在蝴蝶尾上面，用蝴蝶尾上的线把这两部分缠绕几圈。把缝针穿入剩余的线中，缝在靴子的外侧。

把所有线头藏好。

3

4

技术难度：Ⅰ

尺寸

适合年龄：

0～6个月，鞋底长度9cm
6～12个月，鞋底长度10cm
6～12个月的变化列在方括号[ ]内

用线

3

50g中粗线
颜色：浅蓝色

钩针及其他材料

3.25mm钩针(美式D号)
4粒扣子
毛线缝针

密度

短针钩10针、10行
测量大小为5cm×5cm

针法与技法

见钩织基础，133～140页

用到的特殊针法：

短针2针并1针
长针8针并1针

用到的技法：

按行钩织
按圈钩织
在后线圈上钩
鞋底1
引入线

围带靴

这款超酷的中短靴适合所有的宝宝。最合适的搭配是浅色的毛线配上深色的扣子。在脚踝部有简洁的叠合围带，可以调整围合的松紧度。

靴子

左脚和右脚围带的钩织方法不同，按相应的说明钩织。

鞋底

钩织鞋底1。
线不要剪断，继续钩鞋面。

鞋面

第1圈： 只钩后线圈。1锁针，在1锁针的底部钩引拔针，在接下来的45[49]针上各钩1短针，用引拔针与第1针短针连成1圈。

第2～4圈： 在两个线圈上钩，重复第1圈(见图1)。

第5圈： 1锁针，接下来的3[5]针上各钩1短针。*短针2针并1针，接下来的1针上钩1短针；从*再重复7次，下面18[20]针上各钩1短针。用引拔针与第1针短针连成1圈。

第6圈： 1锁针，接下来的3[5]针上各钩1短针。钩8次短针2针并1针，下面18[20]针各钩1短针。用引拔针与第1针短针连成1圈(见图2)。

第7圈： 1锁针，接下来的3[5]针上各钩1短针。长针8针并1针，下面18[20]针各钩1短针。用引拔针与第1针短针连成1圈(见图3)。

右靴不要剪断线，接着钩围带。

围带

右靴：第1行： 16[17]锁针，翻转，在从钩针数第4个锁针(前3个锁针当作第1个长针)上钩1长针，在下面的每个锁针上钩1长针，再沿着接下来鞋面上的24[28]针(包括前1圈的引

提示

这款靴子如果用两种或更多的颜色钩，看起来也会很棒。每一圈都变换颜色，会产生漂亮的条纹效果。

拔针)，朝着脚踝、后跟、起始锁针的方向，每针上钩1长针。翻转(见图4)。

左靴： 打结后剪断线。把线引入鞋面上从第1个长针数的第9[第13]针。

第1行： 钩16[17]锁针，翻转，在从钩针数的第4个锁针(前3个锁针当作1个长针)上钩1长针，在下面的每个锁针上钩1个长针，在上1圈引拔针的位置钩1长针，再沿着接下来鞋面上的23[27]针，朝着脚踝、后跟、起始锁针的方向，每针上钩1长针。翻转(见图5)。

左右靴：第2行： 3锁针(当作第1针长针)，接下来的37[42]针上各钩1长针(最后1长针钩在3锁针的第3个锁针处)(38[43]长针)，翻转。

第3～6行： 重复第2行(见图6)。

钩1锁针，在围带边上均匀地钩短针(见图7)。打结后剪断线。

把所有线头藏好。

在每只靴子上缝2粒扣子以固定围带。围带没有专门为扣子钩的扣眼，但可以利用长针之间的空隙，这样也能方便地调整围带的松紧。

技术难度：I

尺寸

适合年龄：
0～6个月，鞋底长度9cm
6～12个月，鞋底长度10cm
6～12个月的变化列在方括号[ ]内

用线

3

主色线：
50g中粗线
颜色：黄褐色

配色线：
少量中粗线
颜色：深棕色，浅蓝色

钩针及其他材料

3.25mm钩针(美式D号)
毛线缝针

密度

短针钩10针、10行
测量大小为5cm×5cm

针法与技法

见钩织基础，133～140页

用到的特殊针法：
长针2针并1针
螃蟹针

用到的技法：
按圈钩织
按行钩织
在后线圈上钩
在剩余的线圈上钩
鞋底1

牛仔靴

这双齐踝高的靴子的边上有带子、链条和刺状物。选用皮革的颜色：黑色，深棕色，或者这里的黄褐色。

靴子

左右脚靴子的钩织方法完全相同。

鞋底

用主色线钩织鞋底1。
线不要剪断，继续钩鞋面。

鞋面

第1圈： 只钩后线圈。1锁针，接下来的46[50]针上各钩1短针，用引拔针与第1针短针连成1圈。

第2圈： 在两个线圈上钩。3锁针(当作1长针)，接下来的5[6]针上各钩1长针，钩9[10]次长针2针并1针，接下来的23[24]针上各钩1长针，用引拔针与3锁针的第3针连成1圈(见图1)。

第3圈： 1锁针，接下来的37[40]针上各钩1短针，用引拔针与第1针短针连成1圈。

第4圈： 3锁针(当作1长针)，接下来的3[4]针上各钩1长针，钩7[8]次长针2针并1针，接下来的20[20]针上各钩1长针，用引拔针与3锁针的第3针连成1圈。

第5圈： 1锁针，接下来的30[32]针上各钩1短针，用引拔针与第1针短针连成1圈(见图2)。

第6圈： 3锁针(当作1长针)，接下来的30[32]针上各钩1长针，用引拔针与3锁针的第3针连成1圈。

第7圈： 重复第6圈。

第8圈： 3锁针(当作1长针)，接下来的3[3]针上各钩1长针，接下来的8[9]针上各钩1短针，接下来的7[7]

1

2

3

4

针上各钩1长针，接下来的9[10]针上各钩1短针，接下来的3[3]针上各钩1长针，用引拔针与3锁针的第3针连成1圈(见图3)。
第9圈： 1锁针，接下来的3[3]针上各钩1短针，接下来的8[9]针上各钩1引拔针，接下来的7[7]针上各钩1短针，接下来的8[9]针上各钩1引拔针，接下来的3[3]针上各钩1短针，用引拔针与第1针短针连成1圈。打结后剪断线。

鞋带

用主色线钩。
基础链： 15锁针。
第1圈： 在从钩针数的第2个锁针上钩1短针，接下来的12针上各钩1短针，最后1锁针上钩(3长针，1锁针，3长针)，转一下，再沿着对面边缘剩余的线圈钩，在接下来的13针上各钩1短针。打结后剪断线(见图4)。
把鞋带缝到靴子外侧边上(见图5)。

刺状物

用配色线钩(浅蓝色)。
基础环： 4锁针，用引拔针与第1个锁针连成1圈。

第1圈： 1锁针，在环上钩6短针，用引拔针与第1针短针连成1圈。

第2圈： *4锁针，在从钩针数的第3个锁针上钩引拔针，1锁针，在接下来的短针上钩引拔针；从*再重复6次，把最后1个引拔针钩入基础环的4锁针处。打结后剪断线(见图6)。

链条

用配色线钩(浅蓝色)。

基础链： 15锁针。

第1行： 在从钩针数的第2个锁针上钩引拔针，*1锁针，跳过1锁针，在下1锁针上钩引拔针；从*重复至行末。打结后剪断线。

把链条穿过刺状物的基础环(见图7)。链条的两端缝到靴子的后跟处(见图8)。

鞋底边缘

用配色线钩(深棕色)。在鞋底剩余的线圈上钩，把线引入从鞋面开始处数的第4针，沿圈均匀地钩短针(见图9)。用引拔针与第1针短针连成1圈(见图10)。接下来开始钩螃蟹针(见图11)，直到钩到鞋底另一侧对称的位置。打结后剪断线(见图12)。

把所有线头藏好。

技术难度：II

尺寸

适合年龄：

0~6个月，鞋底长度8.5cm
6~12个月，鞋底长度9.5cm
6~12个月的变化列在方括号[ ]内

用线

3

主色线：
25g中粗线
颜色：棕色

配色线：
25g中粗线
颜色：浅棕色

钩针

3.25mm钩针(美式D号)

密度

短针钩10针、10行
测量大小为5cm×5cm

针法与技法

见钩织基础，133~140页

用到的特殊针法：
长针2针并1针

用到的技法：
按圈钩织
在前线圈和后线圈上钩
引入线
鞋底1

毛皮靴

这双超温馨的毛茸茸的“皮靴”让寒冷冬日里的户外行走变得轻松惬意。靴口羊毛状的装饰是由钩成环形的短针形成的。

靴子

左右脚靴子的钩织方法完全相同。

鞋底

用主色线钩织鞋底1。
线不要剪断，继续钩鞋面。

鞋面

用主色线钩。

第1圈：只钩后线圈。1锁针，跳过1锁针底部的1针，在接下来的45[49]针上钩短针，用引拔针与第1针短针连成1圈。

（6～12个月的靴子需多钩一次减针圈：在两个线圈上钩，1锁针，接下来的11针上各钩1短针，跳过下面2针，接下来的9针上各钩1长针，跳过下面2针，接下来的25针上各钩1短针，用引拔针与第1针短针连成1圈。）

第2圈：在两个线圈上钩。1锁针，接下来的9针上各钩1短针，跳过下面2针，接下来的9针上各钩1长针，跳过下面2针，接下来的23针上各钩1短针，用引拔针与第1针短针连成1圈。

第3圈：1锁针，接下来的7针上各钩1短针，跳过下面2针，接下来的9针上各钩1长针，跳过下面2针，接下来的21针上各钩1短针，用引拔针与第1针短针连成1圈。

第4圈：1锁针，接下来的5针上各钩1短针，跳过下面2针，接下来的9针上各钩1长针，跳过下面2针，接下来的19针上各钩1短针，用引拔针与第1针短针连成1圈。

第5圈：1锁针，接下来的3针上各钩1短针，跳过下面2针，接下来的9针上各钩1长针，跳过下面2针，接下来的17针上各钩1短针，用引拔针与第1针短针连成1圈。

第6圈：3锁针，接下来的3针上各钩1长针，钩5次长针2针并1针,接下来的16针上各钩1长针，用引拔针与3锁针的第3针连成1圈(见图1)。

第7圈：引入配色线，*6锁针，在下1针的前线圈上钩引拔针；从*重复至圈末，不要连在一起(见图2)。(钩出24个线圈)

第8圈：1锁针，在第6圈24针的后线圈上各钩1短针。用引拔针与第1针短针连成1圈(见图3)。

第9～18圈：再重复第7～8圈5次，打结后剪断线。

沙漠靴

技术难度：II

尺寸

适合年龄：

0～6个月，鞋底长度9cm
6～12个月，鞋底长度10cm
6～12个月的变化列在方括号 [ ] 内

用线

4 3

主色线：
50g粗线
颜色：灰白色

配色线：
少量中粗线
颜色：深灰色

钩针

3.5mm(美式E号)钩针

密度

短针钩9针、9行
测量大小为5cm×5cm

针法与技法

见钩织基础，133～140页

用到的特殊针法：

短针2针并1针
长针2针并1针

用到的技法：

按行钩织
按圈钩织
在前线圈上钩
引入线
鞋底2
拧线绳

圆乎乎的沙漠靴看起来精致、时尚又随意，与牛仔裤、休闲的长裤和短裤搭配起来都很好看。这款中性色的沙漠靴是鞋柜中的必备款。

靴子

左右脚靴子的钩织方法完全相同。

鞋底

用主色线钩织鞋底2。
线不要剪断，继续钩鞋面。

鞋面

用主色线钩。反面向上。注意：1锁针不算作1针。

第1圈： 只在前线圈上钩，1锁针，跳过引拔针，*接下来的1针上钩1短针，接下来的1针上钩1中长针；从*重复至圈末(42[46]针)，用引拔针与第1针短针连成1圈。

在两个线圈上钩：

第2圈： 1锁针，*接下来的1针上钩1中长针，接下来的1针上钩1短针；从*重复至圈末(42[46]针)，用引拔针与第1针短针连成1圈。

第3圈： 1锁针，*接下来的1针上钩1短针，接下来的1针上钩1中长针；从*重复至圈末(42[46]针)，用引拔针与第1针短针连成1圈(见图1)。

第4圈： 1锁针，(接下来的1针上钩1中长针，接下来的1针上钩1短针)10次，*跳过下1针，接下来的1针上钩1短针；从*再重复8[10]次，再重复(接下来的1针上钩1中长针，接下来的1针上钩1短针)2次，用引拔针与第1针短针连成1圈。

翻面，让靴子正面向外。继续向鞋前部钩。

第5圈： 1锁针，跳过引拔针，接下来的3针上各钩1短针，跳过下面2

提示

想要靴子高一些，可以把脚踝处的第1圈和第2圈重复两次(代替重复1次)，把鞋舌的第2行重复6次(代替4次)。在每侧钩一圈额外的蕾丝。

针，钩4[5]次长针2针并1针，跳过下面2针，接下来的18针上各钩1短针，用引拔针与第1针短针连成1圈，接下来的3针上各钩1引拔针(见图2)。
线不要剪断，翻转，继续钩踝部。

踝部
用主色线钩。两种尺寸钩的针数相同。按行钩织。
第1行： 1锁针，*接下来的1针上钩1中长针，接下来的1针上钩1短针；从*沿着后跟再钩10次，翻转(见图3)。
第2行： 1锁针，接下来的22针上各钩1短针，翻转。
第3～4行： 再把第1～2行重复1次。在第4行末不要翻转。
沿着踝部的边缘如下钩穿鞋带的线圈：
第5行： *3锁针，跳过下1行，在接下来的1行钩引拔针；从*再重复2次。打结后剪断线。把线引入对面踝部边缘的第1针，用同样的方法钩(见图4)。

鞋舌
用主色线钩。
第1行： 1锁针，在沿着鞋前脸的每1针上钩2短针(8[10]短针)，翻转。
第2行： 1锁针，接下来的8[10]针上各钩1短针，翻转。
第3～6行： 再重复第2行4次。
第7行： 1锁针，短针2针并1针，接下来的4[6]针上各钩1短针，短针2针并1针。
打结后剪断线(见图5)。

把所有线头藏好。

用配色线拧2根50cm长的线绳。把绳子穿入踝部边上钩的线圈中，系紧，打一个蝴蝶结。

穗口靴

技术难度：II

尺寸

适合年龄：

0～6个月，鞋底长度9cm
6～12个月，鞋底长度10cm
6～12个月的变化列在方括号 [ ] 内

用线

3

主色线：
50g中粗线
颜色：浅棕色
配色线：
很少量的中粗线
颜色：灰白色

钩针及其他材料

3.25mm(美式D号)钩针
毛线缝针

密度

短针钩10针、10行
测量大小为5cm×5cm

针法与技法

见钩织基础，133～140页
用到的特殊针法：
短针2针并1针
长针11针并1针
长针12针并1针
用到的技法：
按圈钩织
在前线圈和后线圈上钩
在剩余的线圈上钩
引入线
鞋底1

如果喜欢牛仔靴，试一下这款值得拥有的中低靴，靴口带有蓬松的穗边，鞋面有一条醒目的镶边。可以用任何喜欢的颜色来钩，不过中性色看起来更正宗一些。

靴子

左右脚靴子的钩织方法完全相同。

鞋底

用主色线钩织鞋底1。
线不要剪断，继续钩鞋面。

鞋面

用主色线钩。

第1圈：只钩后线圈，1锁针，跳过1锁针底部的1针，在接下来的45[49]针上各钩1短针，用引拔针与第1针短针连成1圈。

第2圈：在两个线圈上钩。3锁针，接下来的45[49]针上各钩1长针，用引拔针与3锁针的第3针连成1圈。

第3圈：1锁针，接下来的4[5]针上各钩1短针，钩11[12]次短针2针并1针，接下来的19[20]针上各钩1短针，用引拔针与第1针短针连成1圈。

第4圈：在两个线圈上钩，1锁针，接下来的4[5]针上各钩1短针。只钩后线圈，长针11针并1针[长针12针并1针]。在两个线圈上钩，接下来的19[20]针上各钩1短针，用引拔针与第1针短针连成1圈(见图1)。

第5圈：3锁针，沿着靴子均匀地钩25[27]长针，用引拔针与3锁针的第3针连成1圈。

第6圈：3锁针(不当作1针)，接下来的25[27]针上各钩1长针，用引拔针与3锁针的第3针连成1圈。

第7圈：*8锁针，在下1针的前线圈上钩引拔针；从*沿着靴子重复，不要连为1圈(钩出25[27]个环)。

第8圈：1锁针，在接下来25[27]针的剩余线圈中钩短针。打结后剪断线(见图2)。

镶边

用配色线钩。面对正面，把线引入鞋面第4圈一侧剩余的线圈，在每个线圈上钩引拔针。打结后剪断线(见图3)。

把所有线头藏好。

技术难度：II

尺寸

适合年龄：

0～6个月，鞋底长度9cm
6～12个月，鞋底长度10cm
6～12个月的变化列在方括号 [ ] 内

用线

3

主色线：
25g中粗线
颜色：红色

配色线：
25g中粗线
颜色：奶白色

钩针及其他材料

3.25mm(美式D号)钩针
毛线缝针

密度

短针钩10针、10行
测量大小为5cm×5cm

针法与技法

见钩织基础，133～140页

用到的特殊针法：

短针2针并1针
长针2针并1针
螃蟹针

用到的技法：

按行钩织
按圈钩织
在前线圈和后线圈上钩
在剩余的线圈上钩
鞋底1
拧线绳
引入线

棒球靴

在院子里把球推来挡去时这种鞋正合适。配有“橡胶”鞋面，这里是红白两色的经典款，不过你可以选用自己想要的颜色与白色搭配。

靴子

左右脚靴子的钩织方法完全相同。

鞋底

用主色线钩织鞋底1。
线不要剪断，继续钩鞋帮。

鞋帮

引入配色线。

第1圈：只钩后线圈。1锁针，在接下来的45[49]针上各钩1短针，用引拔针与第1针短针连成1圈。

第2圈：在两个线圈上钩，1锁针，在接下来的45[49]针上各钩1短针，用引拔针与第1针短针连成1圈。

第3圈：重复第2圈(见图1)。

线不要剪断，继续钩鞋面。

鞋面

用配色线钩。

第1行：接下来的3针上各钩1引拔针，只钩后线圈，2锁针，接下来的3[4]针上各钩1长针，*长针2针并1针，在接下来1针上钩1长针；从*再重复5[6]次，接下来的3[4]针上各钩1长针，翻转。

第2行：2锁针，跳过第1个长针，钩9[11]次长针2针并1针(最后的1次长针2针并1针钩最后的长针和2锁针的第2针)。

反面向外(把里面翻出来)，正面相对，把鞋面合拢在一起，穿过4个线圈钩，用引拔针把两半连在一起(见图2和图3)。打结后剪断线，把靴子翻回正面。

提示

如果想要清爽、经典的感觉，可以把这双靴子整体钩成白色的，只在边上加一行红色和一行蓝色即可。

鞋舌

用配色线钩。两种尺寸钩的针数相同。把线引入鞋面边缘右手侧。

第1行：1锁针，沿着鞋面边缘均匀地钩7短针，翻转。

第2～6行：1锁针，接下来的7针上各钩1短针，翻转。

第7行：1锁针，短针2针并1针，接下来的3针上各钩1短针，短针2针并1针，翻转。

第8～9行：1锁针，接下来的5针上各钩1短针，翻转。打结后剪断线(见图4)。

鞋舌边缘

用主色线钩。把线引入鞋面右手侧边缘。

第1行：1锁针，沿着鞋面和鞋舌均匀地钩短针，不翻转。

第2行：在每一针上钩螃蟹针，打结后剪断线(见图5)。

后帮

用主色线钩。把线引入鞋面第1行右手侧边第4针的前线圈(见图6)。

第1行：1锁针，在1锁针的底部钩1短针，接下来的29[28]针上各钩1短针(在剩余的线圈上钩，不过在有两个线圈处就钩两个线圈)，翻转。

第2行：1锁针，接下来的30[29]针上各钩1短针，翻转。

第3行：1锁针，短针2针并1针，1锁针，跳过下1针，接下来的24[23]针上各钩1短针，1锁针，跳过下1针，短针2针并1针，翻转。

第4行：1锁针，接下来的28[27]针上及1锁针处各钩1短针，翻转。

第5行：1锁针，短针2针并1针，1锁针，跳过下1针，接下来的22[21]针上各钩1短针，1锁针，跳过下1针，短针2针并1针，翻转。

第6行： 1锁针，接下来的26[25]针上及1锁针处各钩1短针，翻转。
第7行： 1锁针，接下来的1针上钩1短针，1锁针，跳过下1针，接下来的22[21]针上各钩1短针，1锁针，跳过下1针，接下来的1针上钩1短针，翻转。
第8～9行： 重复第6～7行。
第10行： 重复第6行。
打结后剪断线(见图7)。

钩边

用配色线钩。把线引入后帮的第1针。

第1行： 1锁针，沿着行的末端、后帮的最后1行、行的末端均匀地钩1短针，不要翻转。
第2行： 在每一针上钩螃蟹针，打结后剪断线(见图8)。

装饰线

用配色线钩。参考图片，把线引入鞋帮处，用引拔针钩斜线(见图9)。

把所有线头藏好。用配色线拧2根65cm长的线绳，穿过靴子两边系紧。

7

8

9

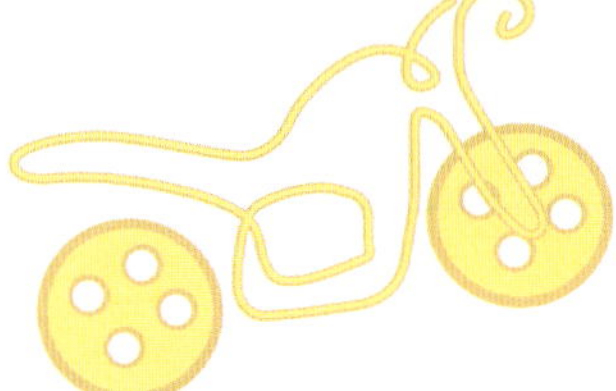

机车靴

技术难度：III

尺寸

适合年龄：

0～6个月，鞋底长度9cm
6～12个月，鞋底长度10cm
6～12个月的变化列在方括号 [ ] 内

用线

3

50g中粗线
颜色：深棕色

钩针及其他材料

3.25mm(美式D号)钩针
4粒扣子
毛线缝针

密度

短针钩10针、10行
测量大小为5cm×5cm

针法与技法

见钩织基础，133～140页

用到的特殊针法：

正浮长针
反浮长针
长针2针并1针

用到的技法：

按圈钩织
在剩余的线圈上钩
引入线
双层鞋底1

骑上摩托出发吧！这双酷酷的小靴子有可调节的带子，看起来有经典厚皮革的特点。黑色和深棕色是最时尚的摩托车手装束的颜色。

靴子

左右脚靴子的钩织方法不同，按相应的说明钩织。

鞋底

用主色线钩织双层鞋底1。
线不要剪断，继续钩鞋面。

鞋面

把线引入鞋底后跟处中间的1针。

在连接鞋底的引拔针上继续如下钩织：

第1圈： 3锁针(当作1长针)，接下来的45[49]针上各钩1长针，用引拔针与3锁针的第3个锁针连成1圈。

第2圈： 3锁针，*在下1针上钩1正浮长针，在下1针上钩1反浮长针；从*再重复21[23]次，在下1针上钩1正浮长针，用引拔针与3锁针的第3针连成1圈(见图1)。

下1圈(只有6～12个月靴子的需要钩这1圈，0～6个月的靴子不需要，所以接下来的圈数是按0～6个月的靴子计算的，6～12个月的靴子的圈数要加1):1锁针，接下来的17针上各钩1短针，跳过接下来的2针，接下来的11针上各钩1长针，跳过下面2针，接下来的17针上各钩1短针，用引拔针与第1针短针连成1圈。

第3圈： 1锁针，跳过1锁针底部的1针，接下来的15针上各钩1短针，跳过接下来的2针，接下来的11针上各钩1长针，跳过下面2针，接下来的15针上各钩1短针，用引拔针与第1针短针连成1圈。

第4圈： 1锁针，接下来的13针上各钩1短针，跳过接下来的2针，接下来的11针上各钩1长针，跳过下面2针，接下来的13针上各钩1短针，用引拔针与第1针短针连成1圈。

第5圈： 1锁针，下面11针上各钩1短针，跳过下面2针，钩5次长针2针并1针，接下来的1针上钩1长针，跳过下面2针，接下来的11针上各钩1短针，用引拔针与第1针短针连成1圈(见图2)。

第6圈： 1锁针，接下来的28针上各钩1短针，用引拔针与第1针短针连成1圈。

第7～16圈： 重复第6圈10次(见图3)。不要剪断线。

右靴

下1圈： 1锁针，接下来的22针上各钩1短针，下1针上钩5长针，接下来的5针上各钩1短针，用引拔针与第1针短针连成1圈。

下1圈： 1锁针，接下来的22针上各钩1短针，*绕着下1长针钩1正浮长针，绕着下1长针钩1反浮长针；从*再重复1次，绕着下1长针钩1正浮长针，接下来的5针上各钩1短针，用引拔针与第1针短针连成1圈。

下1圈： 重复前面1圈。打结后剪断线(见图4)。

左靴

下1圈： 1锁针，接下来的6针上各钩1短针，下1针上钩5长针，接下来的21针上各钩1短针，用引拔针与第1针短针连成1圈。

下1圈： 1锁针，接下来的6针上各钩1短针，*绕着下1长针钩1正浮长针，绕着下1长针钩1反浮长针；从*再重复1次，绕着下1长针钩1正浮长针，接下来的21针上各钩1短针，用引拔针与第1针短针连成1圈。

下1圈： 重复前面1圈。打结后剪断线。

鞋带

每只靴子需钩2条。

基础链： 10锁针。

第1圈： 在从钩针数的第2个锁针上钩1短针，下面的7锁针上各钩1短针，最后1锁针上钩5短针，转一下，沿着对面边的剩余线圈钩，接下来的7针上各钩1短针，最后1针上钩4短针，用引拔针与第1针短针连成1圈。打结后剪断线。

参考图片，把鞋带缝到靴子上。扣子要缝到靴子外侧(见图5)。

把第1条鞋带放在靴子前面脚踝的位置，把鞋带的一端缝到靴子的一侧，在另一侧放上1粒扣子，和鞋带一起缝到靴子上。把第2条鞋带放到靴子一侧5长针前面的一端，鞋带两端缝到靴子上，一端缝上1粒扣子。

把所有线头藏好。

技术难度：III

尺寸

适合年龄：

0～6个月，鞋底长度9cm
6～12个月，鞋底长度10cm
6～12个月的变化列在方括号 [ ] 内

用线

3

主色线：
25g中粗线
颜色：亮蓝色
配色线：
少量中粗线
颜色：深灰色

钩针及其他材料

3.25mm(美式D号)钩针
记号圈

密度

短针钩10针、10行
测量大小为5cm × 5cm

针法与技法

见钩织基础，133～140页

用到的特殊针法：
正浮长针
反浮长针
螃蟹针
用到的技法：
按圈钩织
在后线圈上钩
在剩余的线圈上钩
引入线
鞋底1
拧线绳

雪地靴

在阴暗的下雪天，这款帅气的亮蓝色的靴子让心情一下子就开朗起来了。靴子的底部是“橡胶”的，靴口上有系带，让舒适的暖意都留在了靴子里。

靴子

左右脚靴子的钩织方法完全相同。

鞋底

用主色线钩织鞋底1。
线不要剪断，继续钩鞋面。

鞋面

换为配色线，但不要剪断主色线。

第1圈： 只在后线圈钩，1锁针，跳过1锁针底部的1针，接下来的2针上各钩1短针，在两个线圈上钩，接下来的26[30]针上各钩1短针，只钩后线圈，接下来的17针上各钩1短针，用引拔针与第1针短针连成1圈(45[49]短针)。剪断配色线，继续用主色线钩。

第2圈： 1锁针，接下来的1针上钩2短针，(跳过下1针，接下来的1针上钩2短针)到圈末，用引拔针与第1针短针连成1圈(46[50]短针)(见图1)。

第3圈： 1锁针，接下来的1针上钩2短针，(跳过下1针，接下来的1针上钩2短针)到最后1针，跳过最后1针，用引拔针与第1针短针连成1圈(46[50]短针)。

第4圈： 1锁针，接下来的1针上钩2短针，(跳过下1针，接下来的1针上钩2短针)3次，*跳过下1针，接下来1针上钩1短针；从*再重复7[9]次。(跳过下1针，接下来的1针上钩2短针)11次，跳过最后1针，用引拔针与第1针短针连成1圈(38[40]短针)(见图2)。

第5圈： 1锁针，接下来的1针上钩2短针，(跳过下1针，接下来的1针上钩2短针)到最后1针，跳过最后1针，用引拔针与第1针短针连成1圈(38[40]短针)。

第6圈： 1锁针，接下来的1针上钩2短针，(跳过下1针，接下来的1针上钩2短针)3次，*跳过下1针，接下来的1针上钩1短针；从*再重复5[7]次，(跳过下1针，接下来的1针上钩2短针)9[8]次，跳过最后1针，不连起来，接着钩下1圈(32[32]短针)。

1

2

3

螺旋状钩织：

第7～14圈：跳过1锁针，在1锁针处放置记号圈，(在接下来的短针上钩2短针，跳过接下来的短针)重复直到钩完8圈，下1针钩引拔针(见图3)。

第15圈：3锁针，接下来的32针上各钩1长针，用引拔针与3锁针的第3针连成1圈。

第16圈：3锁针，*在下1针上钩1正浮长针，在下1针上钩1反浮长针；从*重复至圈末，用引拔针与3锁针的第3针连成1圈(见图4)。打结后剪断线。

鞋跟

用配色线钩。面对正面，把线引入右侧鞋面第1圈剩余的线圈(见图5)，在剩余的线圈上钩1锁针，在鞋底的1锁针处钩1短针，接下来的19针上各钩1短针，不翻转，在每一针上钩螃蟹针(见图6)。

打结后剪断线(见图7)。

把所有线头藏好。用配色线拧2根45cm长的线绳。从前面把线绳穿入靴口最后1圈中。系一个蝴蝶结。

4

5

6

7

技术难度：III

尺寸

适合年龄：

0～6个月，鞋底长度9cm
6～12个月，鞋底长度10cm
6～12个月的变化列在方括号 [ ] 内

用线

3

主色线：
50g中粗线
颜色：橘黄色
配色线：
少量中粗线
颜色：深棕色

钩针

3.25mm(美式D号)钩针

密度

短针钩10针、10行
测量大小为5cm×5cm

针法与技法

见钩织基础，133～140页

用到的特殊针法：
正浮长针
反浮长针
用到的技法：
按圈钩织
在后线圈上钩
在剩余的线圈上钩
鞋底1
拧线绳

工作靴

这款厚重耐穿的高筒工作靴是挖掘机、大卡车司机的绝配。每只靴子上都有6对鞋眼，拧的鞋带要足够长。

靴子

左右脚靴子的钩织方法完全相同。

鞋底

用主色线钩织鞋底1。
线不要剪断，继续钩鞋面。

鞋面

用主色线钩。

第1圈： 只在后线圈上钩，1锁针，接下来的46[50]针上各钩1短针，用引拔针与第1针短针连成1圈。

第2圈： 在两个线圈上钩1锁针，接下来的9[11]针上各钩1短针，跳过下面2针，接下来的9针上各钩1长针，跳过下面2针，接下来的24[26]针上各钩1短针，用引拔针与第1针短针连成1圈。

第3圈： 1锁针，接下来的7[9]针上各钩1短针，跳过下面2针，*在下1针上钩1正浮长针，在下1针上钩1反浮长针；从*再重复3次，在下1针上钩1正浮长针，跳过下面2针，接下来的22[24]针上各钩1短针，用引拔针与第1针短针连成1圈(见图1)。

第4圈： 1锁针，接下来的5[7]针上各钩1短针，跳过下面2针，*在下1针上钩1正浮长针，在下1针上钩1反浮长针；从*再重复3次，在下1针上钩1正浮长针，跳过下面2针，接下来的20[22]针上各钩1短针，用引拔针与第1针短针连成1圈。

第5圈： 1锁针，接下来的3[5]针上各钩1短针。跳过下面2针，*在下1针上钩1正浮长针，在下1针上钩1反浮长针；从*再重复3次，在下1针上钩1正浮长针，跳过下面2针，下面18[20]针上各钩1短针。用引拔针与第1针短针连成1圈。

第6圈： 1锁针，接下来的1[3]针上各钩1短针，跳过下面2针，*在下1针上钩1正浮长针，在下1针上钩1反浮长针；从*再重复3次，在下1针上钩1正浮长针，跳过下面2针，接下来的16[18]针上各钩1短针，用引拔针与第1针短针连成1圈(见图2)。

下1圈只有6～12个月的靴子需接着钩：

第7圈： 1锁针，接下来的1针上钩1短针，跳过下面2针，*在下1针上钩1正浮长针，在下1针上钩1反浮长针；从*再重复3次，在下1针上钩1正浮长针，跳过下面2针，接下来的16针上各钩1短针，用引拔针与第1针短针连成1圈。

鞋筒

用主色线钩。

第1圈： 3锁针，在接下来的1针上钩1长针，*在下1针上钩1正浮长针，在下1针上钩1反浮长针；从*再重复3次，在下1针上钩1正浮长针，接下来的16针上各钩1长针，用引拔

针与3锁针的第3针连成1圈。
第2圈： 3锁针，在下1针上钩1反浮长针，*在下1针上钩1正浮长针，在下1针上钩1反浮长针；从*再重复3次，在下1针上钩1正浮长针，**接下来的2针上钩1反浮长针，接下来的2针上钩1正浮长针；从**再重复3次，用引拔针与3锁针的第3针连成1圈。
第3圈： 重复第2圈。
第4圈： 3锁针，在下1针上钩1正浮长针，*在下1针上钩1正浮长针，在下1针上钩1反浮长针；从*再重复3次，在下1针上钩1正浮长针，**接下来的2针上钩1正浮长针，接下来的2针上钩1反浮长针；从**再重复3次，用引拔针与3锁针的第3针连成1圈。
第5圈： 重复第4圈。
第6～7圈： 重复第2圈2次。打结后剪断线(见图3)。

把线头藏好。
用配色线拧2根75cm长的线绳。把绳子穿过鞋面，经过鞋面第一个和最后一个正浮长针，系紧，打一个蝴蝶结(见图4)。

提示

可以用锁针钩一条带子来代替拧的线绳，把靴子的两边系在一起。

超可爱的凉鞋

一双酷酷的凉鞋，会让蹒跚学步的孩子的装束跃然出众。款式有适合男孩子的，也有适合女孩子的，设计风格从经典款的舒适凉鞋，粗犷的希腊式、角斗士凉鞋，到华丽的绒花凉鞋、花饰凉鞋，应有尽有。
夏日如此精彩！

塑料凉鞋

技术难度：I

尺寸

适合年龄：

0～6个月，鞋底长度9cm
6～12个月，鞋底长度10cm
6～12个月的变化列在方括号 [ ] 内

用线

3

25g中粗线
颜色：黄色

钩针及其他材料

3.25mm钩针(美式D号)
2粒扣子
毛线缝针

密度

短针钩10针、10行
测量大小为5cm×5cm

针法与技法

见钩织基础，133～140页

用到的特殊针法：

短针2针并1针

用到的技法：

按行钩织
按圈钩织
引入线
双层鞋底1

在漫长的夏日里，还有什么比穿着喜欢的浅色凉鞋更舒服的吗？这款凉鞋设计简洁，鞋头由三条带子组成。

凉鞋

下面分别介绍了左右脚凉鞋的钩织方法。

鞋底

钩织双层鞋底1。
打结后剪断线。

右脚凉鞋后帮

把线引入鞋底一侧9[11]中长针的中间1针，在两个线圈上钩引拔针与鞋底相连。

第1行： 1锁针，在1锁针的底部钩1短针，接下来的24[26]针上各钩1短针，翻转(见图1)。

第2行： 短针2针并1针，接下来的21[23]针上各钩1短针，短针2针并1针，翻转。

第3行： 1锁针，*接下来的1针上钩1短针，接下来的1针上钩1长针；从*重复至最后1针，最后1针上钩1短针，翻转(23[25]针)。

第4行： 1锁针，接下来的1针上钩1短针，*接下来的1针上钩1短针，接下来的1针上钩1长针；从*重复至最后2针，接下来的2针上各钩1短针，翻转(23[25]针)。

第5 ~ 6行： 重复第3 ~ 4行。

第7行(踝部鞋带)： 14锁针，在从钩针数的第7个锁针上钩1短针，在接下来的每针锁针上钩1短针，接下来在沿着后帮的5[6]针上各钩1短针，钩3次短针2针并1针，接下来钩1短针，钩3次短针2针并1针，接下来的5[6]针上各钩1短针。打结后剪断线(见图2)。

右脚凉鞋鞋带

跳过2[3]引拔针，在后帮踝部鞋带的同一侧，把线引入接下来的引拔针。

第1行： 1锁针，同一针上钩1短针，接下来的2针上各钩1短针，翻转(见图3)，*13锁针，在从钩针数的第2个锁针上钩1短针，在接下来的每针锁针上钩1短针，在短针上钩引拔针(见图4)。从*再重复2次。打结后剪断线(见图5)。

把同样颜色线穿入毛线缝针，把鞋带缝到鞋底的对边，在反面缝，与

鞋底上的引拔针相连，跳过从后帮数的1[2]引拔针，鞋带之间相隔1引拔针(见图6和图7)。

左脚凉鞋后帮

第1 ~ 6行的钩法与右脚凉鞋相同。

第7行(踝部鞋带)：1锁针，接下来的5[6]针上各钩1短针，钩3次短针2针并1针，接下来的1针上钩1短针，钩3次短针2针并1针，接下来的5[6]针上各钩1短针，14锁针，在从钩针数的第7个锁针上钩1短针，在接下来的每针锁针上钩1短针，在前1行的第1针上钩引拔针。打结后剪断线。

左脚凉鞋鞋带

跳过4[5]引拔针，在后帮踝部鞋带的同一侧，把线引入接下来的引拔针。

第1行：1锁针,同一针上钩1短针,接下来的2针上各钩1短针,翻转,*13锁针，在从钩针数的第2个锁针上钩1短针，在接下来的每针锁针上钩1短针，在接下来的短针上钩引拔针；从*再重复2次。打结后剪断线。

用与右脚凉鞋相同的方式，把鞋带缝到对侧鞋底上。

把所有线头藏好。在每只凉鞋踝部鞋带的对侧缝1粒扣子。

希腊式凉鞋

技术难度：I

尺寸

适合年龄：

0～6个月，鞋底长度9cm
6～12个月，鞋底长度10cm
6～12个月的变化列在方括号 [ ] 内

用线

3

主色线：
25g中粗线
颜色：浅蓝色

配色线：
25g中粗线
颜色：白色

钩针及其他材料

3.25mm钩针(美式D号)
4粒扣子
毛线缝针

密度

短针钩10针、10行
测量大小为5cm×5cm

针法与技法

见钩织基础，133～140页

用到的特殊针法：
短针2针并1针

用到的技法：
按行钩织
按圈钩织
在剩余线圈上钩
双层鞋底1
引入线

这款好看的露趾凉鞋可以选用任何颜色，男孩、女孩都能穿。设计从古老的经典款式中获取灵感，中间采用T字架把4条水平带子固定到位。

凉鞋

下面分别介绍了左右脚凉鞋的钩织方法。

鞋底

用配色线钩织双层鞋底1。

打结后剪断线。

后帮

用主色线钩。把线引入鞋底一侧9[11]中长针的中间1针，在两个线圈上钩引拔针与鞋底相连。

第1行： 1锁针，在1锁针的底部钩1短针，接下来的24[26]针上各钩1短针，翻转。

第2行： 短针2针并1针，接下来的21[23]针上各钩1短针，短针2针并1针，翻转。

第3行： 短针2针并1针，接下来的19[21]针上各钩1短针，短针2针并1针，翻转。

第4行： 短针2针并1针，接下来的17[19]针上各钩1短针，短针2针并1针，翻转。

右脚第5行： 14锁针，在从钩针数的第6个锁针上钩1短针，在接下来的8锁针上各钩1短针，接下来的19[21]针上各钩1短针，翻转。

左脚第5行： 打结后剪断线。把线引入后帮对侧的第1针，14锁针，在从钩针数的第6个锁针上钩1短针，接下来的8锁针上各钩1短针，在基础的14锁针上各钩1短针,下面18[20]针各钩1短针。翻转。

左右脚凉鞋钩法相同：

第6行： 1锁针，接下来的19[21]针上各钩1短针，翻转。

第7行： 13锁针，在从钩针数的第6个锁针上钩1短针，接下来的7锁针上各钩1短针，接下来的5[6]针上各钩1短针，钩2次短针2针并1针，接下来的1针上钩1短针，钩2次短针2针并1针，接下来的5[6]针上各钩1短针。打结后剪断线(见图1)。

前脸

用主色线钩。左右脚凉鞋、两种尺寸钩的方法和针数相同。

跳过从后帮数的1针，把线引入接下来连接鞋底的引拔针。

提示

开始钩T字鞋带前留出长线头很重要，因为线头可以用于后面的缝合，这样需要藏的线头会少一些，看起来会整齐一些。

第1根鞋带： 12锁针，跳过从对侧后跟数的鞋底上的6引拔针，用引拔针把线引入下1针(见图2)，翻转，跳过引拔针，在每个锁针上各钩1短针，在12锁针的底部钩引拔针。
打结后剪断线(见图3)。
跳过从第1根鞋带数的4针引拔针，从接下来的1针开始钩第2根鞋带。
第2根鞋带： 12锁针，跳过从对面一侧后帮数的第1针引拔针，把线引入接下来连接鞋底的1引拔针，钩引拔针与下1针相连(见图4)，翻转，跳过引拔针，在每针锁针上各钩1短针，在12锁针的底部钩引拔针，打结后剪断线(见图5)。

T字鞋带

基础链： 线头留长一些，20锁针。
第1圈： 在从钩针数的第2个锁针上钩1短针，在接下来的每针锁针上钩1短针，转一下，在对面边的剩余线圈上钩，在每1针上钩引拔针，线头留长一些，打结后剪断线。
把第1个线头穿入毛线缝针，把T字鞋带的一端绕过前脸鞋带，缝合固定。用另一个线头把T字鞋带的另一端缝成1个环，以穿入踝部鞋带(见图6)。

把所有线头藏好。缝上扣子。

蝴蝶结鞋面凉鞋

技术难度：I

尺寸

适合年龄：

0～6个月，鞋底长度8.5cm
6～12个月，鞋底长度9.5cm
6～12个月的变化列在方括号[ ]内

用线

1

25g超细线
颜色：紫红色

钩针及其他材料

3.25mm钩针(美式D号)
2粒扣子
毛线缝针

密度

短针钩11针、11行
测量大小为5cm×5cm

针法与技法

见钩织基础，133～140页

用到的特殊针法：

短针2针并1针
V形针

用到的技法：

按行钩织
按圈钩织
引入线
双层鞋底1

这款引人注目的凉鞋让宝宝在穿着的每一天都显得卓尔不群。适合选用深的、饱和的颜色，配得上最好看的装束。

凉鞋

下面分别介绍了左右脚凉鞋的钩织方法。

鞋底

钩织双层鞋底1。
打结后剪断线。

后跟

把线引入鞋底侧边(见100页)9[11]中长针的第7[8]针。在两个线圈上钩引拔针与鞋底相连。

第1行： 1锁针，在1锁针底部钩1短针，接下来的20[22]针上各钩1短针，翻转。

第2行： 1锁针，接下来的21[23]针上各钩1短针，翻转。

第3～6行： 再重复第2行4次。

右脚第7行： 13锁针，在从钩针数的第2个锁针上钩1短针，在接下来的每针锁针上钩1短针，接下来的每个短针上各钩1短针(33[35]短针)，翻转。

左脚第7行： 打结后剪断线，把线引入后跟的对侧，13锁针，在从钩针数的第2个锁针上钩1短针，在接下来的每针锁针上钩1短针，在13锁针的底部钩1短针，接下来的每针短针上各钩1短针直到行末(33[35]短针),翻转。

左右脚凉鞋都如下钩：

第8行： 1锁针，接下来的30[32]短针上各钩1短针，2锁针，跳过接下来的2短针，最后1短针上钩1短针，翻转。

第9行： 1锁针，下1短针上钩1短针，在2锁针处钩2短针，接下来的10短针上各钩1短针，钩10[11]次短针2针并1针。

打结后剪断线(见图1和图2)。

前脸

跳过后跟的1[2]引拔针，把线引入下一个引拔针(见图3)。

两种尺寸都如下钩：

第1行： 1锁针，在1锁针的底部钩1短针，在接下来的7针上各钩2短针，翻转。

第2行： 3锁针，*跳过2短针，下1针钩V形针；从*再重复3次，跳过

下面2针，在最后1针上钩1长针，翻转。

第3行： 3锁针，*跳过接下来的2长针，在接下来的1锁针处钩V形针；从*再重复3次，跳过下1长针，在3锁针的第3针上钩1长针。

第4～7行： 重复第3行4次。

第8行： 1锁针，跳过第1个长针，接下来的8长针上各钩1短针(跳过所有的1锁针)(见图4)。正面相对，面对反面，把前脸与对侧的鞋底相连，从后跟第2[3]个引拔针处开始，接下来的8针上各钩1短针(见图5)。把鞋脸的正面翻出来。

T字鞋带

把线引入鞋带的第7针(基础链的最后一个线圈)：

第1行： 1锁针，在1锁针的底部钩1短针，接下来的2针上各钩1短针，翻转(见图6)。

第2～12行： 1锁针，接下来的3针上各钩1短针，翻转。

打结后剪断线，线头留长一些。

把线头穿入毛线缝针，把T字鞋带缝到鞋脸下面，再把T字鞋带的端头翻盖到前脸的上面,把边缝上(见图7)。

把所有线头藏好，缝上1粒扣子来固定踝部的鞋带。

4

5

6

7

技术难度：Ⅰ

尺寸

适合年龄：

0～6个月，鞋底长度9cm
6～12个月，鞋底长度10cm
6～12个月的变化列在方括号[ ]内

用线

4

50g粗线
颜色：灰白色

钩针及其他材料

3.5mm钩针(美式E号)
4粒扣子
毛线缝针

密度

短针钩9针、9行
测量大小为5cm×5cm

针法与技法

见钩织基础，133～140页

用到的技法：

按圈钩织
双层鞋底2

皮革编织凉鞋

这款漂亮的编织鞋面凉鞋设计简洁。鞋面上有十字交叉的短带子，用小扣子固定，适合新生的宝宝穿着。

凉鞋

左右脚凉鞋的钩织方法完全相同。

鞋底

钩织双层鞋底2。
线不要剪断，继续钩鞋面。

鞋面

从连接鞋底的最后1针引拔针处开始钩，不过是往相反方向钩。

第1圈： 在第1个引拔针上钩1锁针，接下来的41[45]针上各钩1短针，用引拔针与第1针短针连成1圈。

第2圈： 1锁针，接下来的7[9]针上各钩1短针，*跳过下面2针，下1针上钩3长针；从*再重复2次，跳过下面2针，接下来的23[25]针上各钩1短针，用引拔针与第1针短针连成1圈(见图1)。

第3圈： 1锁针，接下来的5[7]针上各钩1短针，跳过接下来的2短针，跳过下1长针，下1长针上钩3长针，*跳过接下来的2长针，接下来的1长针上钩3长针；从*再重复1次，跳过下1长针，跳过接下来的2短针，接下来的21[23]针上各钩1短针,用引拔针与第1针短针连成1圈。

第4圈： 1锁针，接下来的3[5]针上各钩1针短针。跳过接下来的2短针，跳过下1长针，接下来的1长针上钩3长针，*跳过接下来的2长针，接下来的1长针上钩3长针；从*再重复1次，跳过下1长针，跳过接下来的2短针，接下来的3[5]针上各钩1短针。接下来的16针上各钩1长针，用引拔针与第1针短针连成1圈(见图2)。线不要剪断，继续钩鞋带。

1

鞋带

13[14]锁针，在从钩针数的第7个锁针上钩1短针，在接下来的每针锁针上钩1短针，继续在沿着后跟的16长针上各钩1短针，13[14]锁针，在从钩针数的第7个锁针上钩1短针，在接下来的每针锁针上钩1短针，在前面1圈的最后1针长针上钩引拔针。打结后剪断线(见图3)。

把所有线头藏好。在每只凉鞋的第1组和最后1组3长针处缝上1粒扣子。

2

3

技术难度：II

尺寸

适合年龄：

0～6个月，鞋底长度9cm
6～12个月，鞋底长度10cm
6～12个月的变化列在方括号 [ ] 内

用线

3

主色线：
50g中粗线
颜色：粉红色

配色线：
少量中粗线
颜色：深灰色

钩针及其他材料

3.25mm钩针(美式D号)
2粒扣子
大头针(选用)
毛线缝针

密度

短针钩10针、10行
测量大小为5cm × 5cm

针法与技法

见钩织基础，133～140页

用到的特殊针法：
短针2针并1针

用到的技法：
按行钩织
按圈钩织
在后线圈上钩
双层鞋底1
引入线

荷叶边凉鞋

这款惊艳的凉鞋有着点睛之作的荷叶边鞋面，在任何场合都会牢牢锁住人们的目光。

凉鞋

下面分别介绍了左右脚凉鞋的钩织方法。

鞋底

用主色线钩织双层鞋底1。
打结后剪断线。

用主色线钩。

后跟

把线引入鞋底一侧9[11]中长针的第7[8]针(见图1)。在两个线圈上钩引拔针，与鞋底相连。

第1行： 1锁针，在1锁针的底部钩1短针，接下来的20[22]针上各钩1短针，翻转。

第2行： 1锁针，接下来的21[23]针上各钩1短针，翻转。

第3～6行： 再重复第2行4次。

右鞋第7行： 14锁针，在从钩针数的第7针锁针上钩1短针，在接下来的每针锁针上各钩1短针，接下来的6[7]针上各钩1短针，钩4次短针2针并1针，接下来的7[8]针上各钩1短针。打结后剪断线(见图2)。

左鞋第7行： 1锁针，接下来的7[8]针上各钩1短针，钩4次短针2针并1针，接下来的6[7]针上各钩1短针，14锁针，在从钩针数的第7针锁针上钩1短针，在接下来的每针锁针上各钩1短针，在前面1行的第1针上钩引拔针。打结后剪断线(见图3)。

鞋面

第1行： 在连接鞋底的引拔针的行端钩引拔针。跳过从后跟数的8[9]个引拔针，把线引入下1针，8锁针，跳过接下来的7针，接下来的2针上沿着鞋底各钩1引拔针，翻转(见图4)。

第2行： 跳过鞋底的2引拔针，接下来的8锁针上各钩1短针，沿着鞋底在接下来的2引拔针上各钩1引拔针，翻转。

第3行： 跳过2引拔针，只钩后线圈，接下来的8针上各钩1短针，接下来的2针上各钩1引拔针，翻转。

第4行： 跳过2引拔针，在两个线圈

上钩，接下来的1针上钩2短针，接下来的6针上各钩1短针，最后的短针上钩2短针，在接下来的2针上各钩1引拔针，翻转。

第5行：跳过2引拔针，只钩后线圈，接下来的10针上各钩1短针，接下来的2针上各钩1引拔针，翻转。

第6行：跳过2引拔针，在两个线圈上钩，接下来的10针上各钩1短针，接下来的2针上各钩1引拔针。

第7～8行：再把第5～6行重复1次，不过最后1行只钩1个引拔针。

打结后剪断线(见图5)。

T字鞋带

在鞋面中间的4针上钩。

第1行：1锁针，在鞋面处钩1短针，接下来的3针上各钩1短针，翻转。

第2行：1锁针，接下来的4针上各钩1短针，翻转。

第3～12行：再重复第2行10次，打结后剪断线，线头留长一些。

把线头穿入毛线缝针中，把T字鞋带的端头弯成环状，把踝部鞋带从中穿过，缝合。环不要太大，刚好能穿过踝部鞋带即可(见图6)。

荷叶边

基础链：13锁针。

第1行：在从钩针数的第2个锁针上钩1短针，接下来的11锁针上各钩1短针，翻转。

第1圈：3锁针，接下来的11针上各钩3长针，3锁针，在最后1针的底部钩引拔针。

把钩的东西转一圈，沿着基础链的另一边同样钩织。

打结后剪断线(见图7)。

把荷叶边放在鞋面上(可以用大头针帮着固定)，从踝部鞋带处开始连接，在荷叶边的中间均匀地钩引拔

针。打结后剪断线(见图8)。
换成配色线，沿着荷叶边均匀地钩短针，打结后剪断线(见图9)。

把所有线头藏好。在每只凉鞋的侧边缝上一粒扣子，用来固定鞋带。

提示

如果你觉得用引拔针把荷叶边连到鞋面上太复杂，可以用毛线缝针缝上。

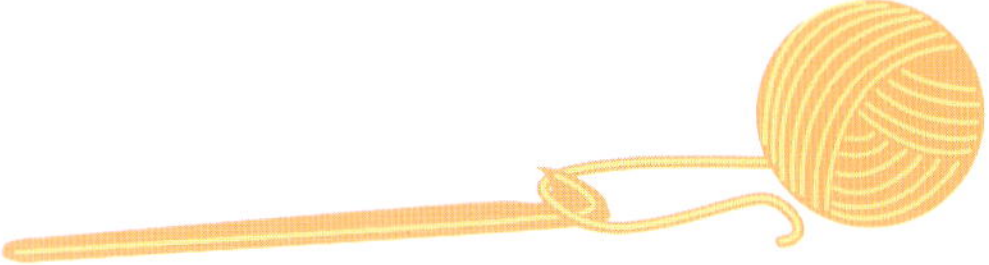

技术难度：II

尺寸

适合年龄：

0～6个月，鞋底长度9cm
6～12个月，鞋底长度10cm
6～12个月的变化列在方括号 [ ] 内

用线

主色线：
25g中粗线
颜色：绿色

配色线：
25g中粗线
颜色：浅棕色

钩针及其他材料

3.25mm钩针(美式D号)
2粒扣子
毛线缝针

密度

短针钩10针、10行
测量大小为5cm × 5cm

针法与技法

见钩织基础，133～140页

用到的特殊针法：
短针2针并1针

用到的技法：
按行钩织
按圈钩织
引入线
双层鞋底1

舒适凉鞋

每个宝宝都应该备有这样一款凉鞋。后脚跟全包，脚踝处有系带，鞋面上的带子很牢固，这款双色鞋是最耐穿的凉鞋。

凉鞋

下面分别介绍了左右脚凉鞋的钩织方法。

鞋底

用配色线钩织双层鞋底1。
打结后剪断线。

后跟

用主色线钩。把线引入鞋底侧边9[11]针中长针的中间1针。在两个线圈上钩引拔针，与鞋底相连。

第1行：1锁针，在1锁针的底部钩1短针，接下来的24[26]针上各钩1短针，翻转。

第2行：短针2针并1针，接下来的21[23]针上各钩1短针，短针2针并1针，翻转。

第3行：短针2针并1针，接下来的19[21]针上各钩1短针，短针2针并1针，翻转。

第4行：短针2针并1针，接下来的17[19]针上各钩1短针，短针2针并1针，翻转。

第5行：2锁针，跳过第1针，接下来的18[20]针上各钩1长针，翻转。

第6行：短针2针并1针，接下来的16[18]针上各钩1短针，翻转。线不要剪断，继续钩踝部鞋带：

右鞋：17[19]锁针，在从钩针数的第9针锁针上钩1短针，在接下来的每针锁针上钩1短针，接下来的17[19]针上各钩1短针。打结后剪断线(见图1)。

左鞋：1锁针，接下来的17[19]针上各钩1短针，17[19]锁针，在从钩针数的第9针锁针上钩1短针，在接下来的每针锁针上钩1短针，在前边行的第1个短针上钩引拔针。打结后剪断线。

前脸

用主色线钩。左右鞋钩法相同。跳过从后跟数的2[3]针，把线引入下1针。在两个线圈上钩引拔针，与鞋底相连。

第1行：1锁针，在1锁针的底部钩1短针，接下来的2针上各钩1短针，翻转(见图2)。

第2行：1锁针，接下来的3针上各

钩1短针，翻转。
第3～12行：重复第2行10次。
接下来在反面钩，在鞋底的对侧，跳过从后跟数的2[3]引拔针，在接下来的3针的每针上，钩穿过所有4个线圈的短针，把前脸与鞋底连在一起(见图3)。线不要剪断，把前脸翻到正面，在前脸的行末端均匀地钩1短针。打结后剪断线。在对边同样钩织。把配色线引入在前脸行末端根部钩的第1针短针，在这行短针上钩引拔针(见图4)。打结后剪断线。在前脸对侧边同样钩织(见图5)。

T字鞋带

用主色线钩。钩织时把线引入踝部鞋带的第5针：
第1行：1锁针，在1锁针处钩1短针，接下来的2短针上各钩1短针，翻转。
第2行：1锁针，接下来的3短针上各钩1短针，翻转。
重复第2行5[6]次(见图6)。
打结后剪断线，线头留长一些。把线头穿入毛线缝针，把T字鞋带缝到前脸中间，在反面缝(见图7)。

藏好线头，缝上扣子以固定踝部鞋带。

技术难度：II

尺寸

适合年龄：

0～6个月，鞋底长度9cm
6～12个月，鞋底长度10cm
6～12个月的变化列在方括号[ ]内

用线

3

主色线：
25g中粗线
颜色：浅棕色

配色线：
25g中粗线
颜色：红色

钩针及其他材料

3.25mm钩针(美式D号)
4粒扣子
毛线缝针

密度

短针钩10针、10行
测量大小为5cm×5cm

针法与技法

见钩织基础，133～140页

用到的特殊针法：
短针2针并1针

用到的技法：
按行钩织
按圈钩织
在剩余的线圈上钩
引入线
双层鞋底1

帆布便鞋

暑期缺了这样一双热辣的帆布便鞋，该是多么沉闷呀。这款时尚的凉鞋有着“编织绳”的鞋底，“帆布”的鞋面，在金色的沙滩上令人过目不忘。

凉鞋

左右脚凉鞋的钩织方法完全相同。

鞋底

用主色线钩织双层鞋底1。
打结后剪断线。

后跟

用主色线钩。

把线引入鞋底侧边9[11]针中长针的中间1针。在两个线圈上钩引拔针与鞋底相连。

第1行： 1锁针，在1锁针底部的1针上钩1短针，接下来的24[26]针上各钩1短针，翻转。

第2行： 短针2针并1针，接下来的21[23]针上各钩1短针，短针2针并1针，翻转。

第3行： 短针2针并1针，接下来的19[21]针上各钩1短针，短针2针并1针，翻转。

第4行： 短针2针并1针，接下来的17[19]针上各钩1短针，短针2针并1针，翻转。

第5行： 短针2针并1针，接下来的15[17]针上各钩1短针，短针2针并1针，翻转。

第6行： 短针2针并1针，接下来的13[15]针上各钩1短针，短针2针并1针，翻转。

第7行： 短针2针并1针，接下来的11[13]针上各钩1短针，短针2针并1针，翻转。

第8行： 短针2针并1针，接下来的9[11]针上各钩1短针，短针2针并1针(11[13]针)。

打结后剪断线。

钩边

用主色线钩。把线引入后跟底部边缘的针，沿着行的末端均匀地钩短针。打结后剪断线(见图1)。

鞋面

用配色线钩,两种尺寸钩的针数相同。

标出鞋头中间的7针，把线引入其中最左侧的1针。用引拔针与鞋底相连，接着如下进行：

第1行： 1锁针，在1锁针的底部钩1短针，*1锁针，在接下来的1针上钩1短针；从*再重复5次，接下来的2针上各钩1引拔针，翻转(见图2)。

第2行： 跳过2引拔针，下1短针上钩1短针，在接下来的1锁针处钩1短针，*1锁针，跳过接下来的1短针，在接下来的1锁针处钩1短针；从*再重复4次，最后1短针上钩1短针，在沿着鞋底的下2针上各钩1引拔针，翻转。

第3行： 跳过2引拔针，下1短针上钩1短针，*1锁针，跳过接下来的1短针，在接下来的1锁针处钩1短

针；从*再重复5次，在沿着鞋底的下2针引拔针上各钩1引拔针，翻转。

第4行： 重复第2行。

第5行： 跳过2引拔针，下1短针上钩1短针，*1锁针，跳过接下来的1短针，在接下来的1锁针处钩1短针；从*再重复5次，在沿着鞋底的引拔针上钩1引拔针，翻转。

第6行： 跳过引拔针，下1短针上钩1短针，在接下来的1锁针处钩1短针，*1锁针，跳过接下来的1短针，在接下来的1锁针处钩1短针；从*再重复4次，最后1短针上钩1短针，在沿着鞋底的引拔针上钩1引拔针，翻转。

第7行： 跳过引拔针，下1短针上钩1短针，*1锁针，跳过接下来的1短针，在接下来的1锁针处钩1短针；从*再重复5次，在沿着鞋底的引拔针上钩1引拔针，翻转。

第8 ~ 9行： 重复第6 ~ 7行1次。

第10行： 重复第6行1次。

第11行： 跳过引拔针，在每一针上钩引拔针。打结后剪断线(见图3)。

鞋带

两种尺寸钩的针数相同。

基础链： 13锁针。

第1行： 在从钩针数的第2个锁针上钩1短针，在接下来的每针锁针上钩1短针，转一下，沿着边缘的另一边在剩余的线圈上钩，在每1针上钩1短针(见图4)。

第2行： 5锁针，在接下来的12针上各钩1引拔针，5锁针，跳过下1针，转一圈，沿着边缘的另一边钩，在接下来的11针上各钩1引拔针，打结后剪断线(见图5)。

把所有线头藏好。每只凉鞋的侧后边缝1粒扣子，以固定鞋带。

花饰凉鞋

这双鞋就是为夏季户外的聚会和野餐准备的。鞋面是一朵粉色的大大的花，被绿叶衬托着，设计非常巧妙。可以用其他喜欢的颜色来钩花朵。

技术难度：II

尺寸

适合年龄：
0～6个月，鞋底长度9cm
6～12个月，鞋底长度10cm
6～12个月的变化列在方括号[ ]内

用线

主色线：
50g中粗线
颜色：浅棕色

配色线：
少量中粗线
颜色：亮绿色，粉红色

钩针及其他材料

3.25mm钩针(美式D号)

毛线缝针

密度

短针钩10针，10行
测量大小为5cm×5cm

针法与技法

见钩织基础，133～140页

用到的技法：
按行钩织
按圈钩织
在前线圈和后线圈上钩
引入线
双层鞋底1

凉鞋

左右脚凉鞋的钩织方法完全相同。

鞋底

用主色线钩织双层鞋底1。
打结后剪断线。

花朵

用配色线钩(粉红色)。

基础环：4锁针，用引拔针与第1针锁针连成1圈。

第1圈：1锁针，在环上钩8短针，用引拔针与第1针短针连成1圈。

第2圈：只在前线圈上钩，*3锁针，下1针钩引拔针；从*再重复7次(8个花瓣)。

第3圈：*在接下来的花瓣上钩4短针；从*重复至圈末，用引拔针与第1针短针连成1圈。打结后剪断线(见图1)。

叶子

用配色线钩(亮绿色)。把线引入花朵第2圈的后线圈。

第1圈：*8锁针，下1针钩引拔针(见图2)；从*再重复7次(8片叶子)。

第2圈：在第1片叶子上钩6短针，用引拔针与鞋底的第7[9]个引拔针相连(见图3)，同1片叶子上钩6短针，*下一个花瓣上钩6短针，跳过接下来鞋底的2引拔针，下1针上钩引拔针，同一片叶子上钩6短针；从*再重复6次(见图4)，用引拔针与下一个花瓣的第1针短针连成1圈。打结后剪断线。

后帮

用配色线钩(亮绿色)。把线引入最后1片叶子的第2针。

第1行： 1锁针，同一针上钩1短针，接下来的2针上各钩1短针，翻转(见图5)。

第2行： 1锁针，接下来的3针上各钩1短针，翻转。

再重复第2行20[24]次。面对反面，用引拔针与第1片叶子相连，从第2圈的短针开始(见图6)。

后跟

用配色线钩(亮绿色)。标出凉鞋后帮中间的4针，面对正面，把线引入其中最左侧的1针。

第1行： 1锁针，在1锁针的底部钩1短针，接下来的3针上各钩1短针，翻转(见图7)。

第2行： 1锁针，接下来的4针上各钩1短针，翻转。

第3～13行： 重复第2行11次。

把后跟包绕过后帮，把第1行与最后1行对在一起，在每一针上钩引拔针，打结后剪断线(见图8)。也可以在第13行后打结剪断线，线头留长一些，用毛线缝针缝合。

把所有线头藏好。

技术难度：II

尺寸

适合年龄：

0～6个月，鞋底长度9cm
6～12个月，鞋底长度10cm
6～12个月的变化列在方括号 [ ] 内

用线

3

50g中粗线
颜色：粉红色

钩针及其他材料

3.25mm钩针(美式D号)
毛线缝针

密度

短针钩10针、10行
测量大小为5cm×5cm

针法与技法

见钩织基础，133～140页

用到的特殊针法：

短针2针并1针

用到的技法：

按行钩织
按圈钩织
在前线圈和后线圈上钩
在剩余的线圈上钩
引入线
双层鞋底1

绒花凉鞋

在家里转悠，穿着这双时髦的绒花凉鞋，是再合适不过了。这款毛茸茸的作品最适合用浅浅的棉花糖色来钩。

凉鞋

左右脚凉鞋的钩织方法完全相同。

鞋底

钩织双层鞋底1。
打结后剪断线。

后跟

把线引入鞋底一侧9[11]针中长针中间的1针。在两个线圈上钩引拔针与鞋底相连。

第1行： 1锁针，在1锁针底部的1针上钩1短针，接下来的24[26]针上各钩1短针，翻转。

第2行： 短针2针并1针，接下来的21[23]针上各钩1短针，短针2针并1针，翻转。

第3行： 短针2针并1针，接下来的19[21]针上各钩1短针，短针2针并1针，翻转。

第4行： 短针2针并1针，接下来的17[19]针上各钩1短针，短针2针并1针，翻转。

第5行： 短针2针并1针，接下来的15[17]针上各钩1长针，短针2针并1针。线不要剪断，继续如下钩织，两种尺寸的凉鞋钩织方法相同。

鞋带

第1条鞋带：

第1行： 1锁针，沿着后跟行的末端均匀地钩4短针(见图1)，翻转。

第2～12行： 1锁针，接下来的4针上各钩1短针，翻转。打结后剪断线。

第2条鞋带： 在后跟的对侧，按照第1条鞋带的方法钩织(见图2)。

钩边

面对正面，把线引入后跟右侧底部边缘的针中，沿着第1条鞋带均匀地钩短针，经过后跟，沿着第2条鞋带钩到头。打结后剪断线。

把凉鞋的里面翻出来，钩引拔针把鞋带与鞋底相连。临近后跟处的2针不钩，钩接下来的4针，每针上钩穿过两个线圈的引拔针，打结后剪断线，把凉鞋再翻过来。用同样的方法连接第2条鞋带(见图3和图4)。

花朵

基础环： 4锁针，用引拔针连成1圈。

第1圈： 1锁针，在环上钩9短针，在第1个短针上钩引拔针。

第2圈： 只钩后线圈。1锁针，在每一针上钩2短针(18短针)，用引拔针与第1针短针连成1圈。

第3圈： 只钩后线圈。*在接下来的短针上钩(1引拔针，6锁针，1引拔针)；从*重复至圈末(钩18个花瓣)(见图5)。

第4圈： 在第2圈第1个短针的前线圈上钩(1引拔针，6锁针，1短针)，*在接下来的短针的前线圈上钩(1短针，6锁针，1短针)(钩18个花瓣)；从*重复至圈末，在本圈的第1个引拔针上钩引拔针。

第5圈： 只在第1圈的前线圈上钩(见图6)，在第1个短针的前线圈上钩(1引拔针，6锁针，1短针)，*在接下来的短针的剩余线圈上钩(1短针，6锁针，1短针)；从*重复至圈末，在本圈的第1个引拔针上钩引拔针(钩9个花瓣)(见图7)。打结后剪断线，线头留长一些。

把线头穿入毛线缝针，穿过2条鞋带，把花朵缝到鞋上面。

把所有线头藏好。

技术难度：III

尺寸

适合年龄：
0～6个月，鞋底长度9cm
6～12个月，鞋底长度10cm
6～12个月的变化列在方括号[ ]内

用线

主色线：
25g中粗线
颜色：浅棕色

配色线：
25g粗线
颜色：灰白色

钩针及其他材料

3.25mm钩针(美式D号)
2粒扣子
毛线缝针

密度

短针钩10针、10行
测量大小为5cm×5cm

针法与技法

见钩织基础，133～140页

用到的技法：
按行钩织
按圈钩织
引入线
双层鞋底1

角斗士凉鞋

这款帅气的角斗士凉鞋非常适合勇敢的探险者，在寻找狮子进行决斗时，还能穿别的鞋吗？

凉鞋

下面分别介绍了左右脚凉鞋的钩织方法。

鞋底

用配色线钩织双层鞋底1。
打结后剪断线。

鞋面

用主色线钩。标出鞋头中间的7针。面对正面，把线引入其中最左侧的1针。

第1行： 1锁针，在1锁针底部的1针上钩1短针，接下来的6针上各钩1短针，翻转。

第2行： 1锁针，跳过下1针，接下来的6针上各钩1短针，翻转。

第3行： 1锁针，跳过下1针，接下来的5针上各钩1短针，翻转。

第4行： 1锁针，跳过下1针，接下来的4针上各钩1短针，翻转。

第5行： 1锁针，跳过下1针，接下来的3针上各钩1短针，翻转。

第6行： 1锁针，接下来的3针上各钩1短针，翻转。

再把第6行重复钩3[4]次。打结后剪断线(见图1)。

第1条鞋带

用主色线钩。把线引入从鞋面数的第4[5]针。

第1行： 1锁针，在1锁针底部的1针上钩1短针，接下来的2针上各钩1短针，翻转(见图2)。

第2～12行： 1锁针，接下来的3针上各钩1短针，翻转。

在对侧的鞋底上，跳过从鞋面数的3个引拔针，把鞋带与接下来的3针相连，在反面钩，在接下来的3个引拔针上各钩1引拔针，与鞋底相连。打结后剪断线(见图3)。

后帮和其余的鞋带

用主色线钩。把线引入从第1条鞋带数的第4针。

第1圈： 1锁针，在1锁针底部的1针上钩1短针，接下来的20[22]针上各钩1短针，12锁针，用引拔针与第1针短针连成1圈(见图4)。

第2圈：1锁针，在1锁针底部的1针上钩1短针，接下来的32[34]针上各钩1短针，用引拔针与第1针短针连成1圈。
第3圈：1锁针，接下来的33[35]针上各钩1短针，用引拔针与第1针短针连成1圈。
下面开始按行钩织：
第1行：1锁针，接下来的21[23]针上各钩1短针，翻转。
第2～3行：重复第1行。
右鞋第4行：12锁针，在从钩针数的第2针锁针上钩1短针，在接下来的每针锁针上钩1短针，在接下来沿着后帮的21[23]针上各钩1短针，翻转。
右鞋第5行：1锁针,接下来的32[34]针上各钩1短针。打结后剪断线(见图5)。
左鞋第4行：打结后剪断线，把线引入后跟对侧的第1个短针，12锁针，在从钩针数的第2针锁针上钩1短针，在接下来的每针锁针上钩1短针，在12锁针的底部钩1短针，在接下来沿着后帮的20[22]针上各钩1短针，翻转。
左鞋第5行：1锁针,接下来的32[34]针上各钩1短针。打结后剪断线。

钩边

用配色线钩。把线引入鞋面底部边上的1针，沿着行末端均匀地钩短针，绕过最后1行，一直钩到鞋面对侧的另一边的底部。打结后剪断线(见图6)。
把线引入第1条鞋带一边根部的1针，沿着行末均匀地钩短针。打结后剪断线。在鞋带另一边同样钩(见图7)。沿着第2条鞋带的下边同样钩。把线引入第2条鞋带上边的根部，沿着鞋带、后帮的行端均匀地

钩短针，通过后帮，钩到踝部鞋带的端头，7锁针(形成一个扣眼)，把鞋子转一下，沿着对边均匀地钩短针，直到这一圈开始的位置。打结后剪断线(见图8)。

把配色线穿入毛线缝针，把鞋面缝到两条鞋带上(用回针缝针法)(见图9)，把鞋面的前端向下折成1个环，踝部鞋带从中穿过去，缝合(见图10)。

把所有线头藏好，缝上扣子。

提示

开始钩鞋带时，可以把线头藏在鞋带和鞋底之间。这样做时，要把钩针只插入鞋底的上层，把线头拉进去。

7

8

9

10

钩织基础

在开始钩这些超可爱的鞋子、靴子、凉鞋之前，先把钩这些作品需要的所有东西收集在一起。你也许会发现，在钩织之前，认真阅读这里介绍的钩织基础会很有帮助，不要忘记在开始钩之前要先测量密度。下面，开启你快乐的钩织之旅吧。

钩织基本工具

钩针的材料有很多种，从木头、塑料到钢材、象牙，形状、型号也有很多种。本书中的作品用的钩针型号有2种：美式型号D(3.25mm)和美式型号E(3.5mm)。在款式中都列有所用钩针的型号。对于鞋子来说，用小一些的钩针，钩出来会更紧一些，显得更有型。

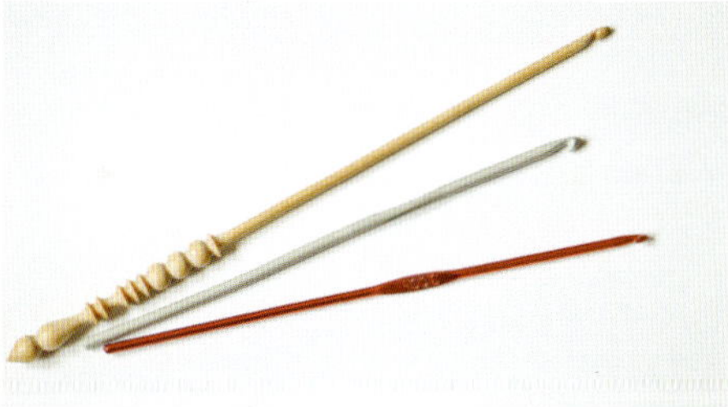

尺子和针规可以在开始钩织前检测钩针的型号，测量作品的尺寸。

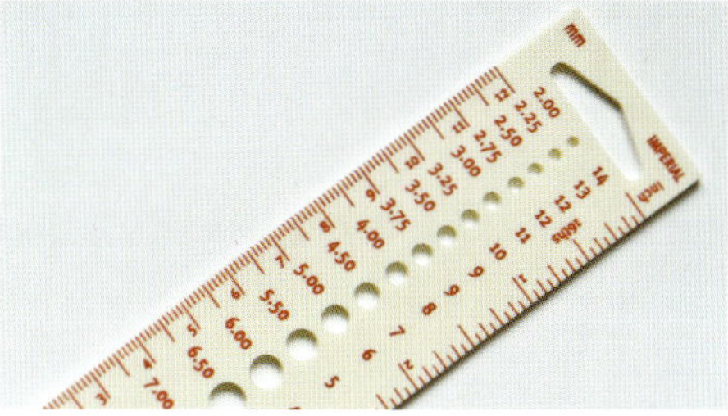

小而锋利的剪刀用来剪断毛线或在作品完成后修剪线头。

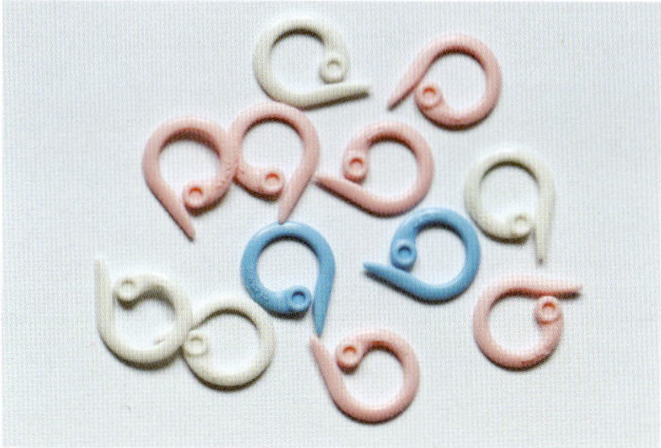

记号圈用于标记一行中特殊的针脚或一圈的开始。

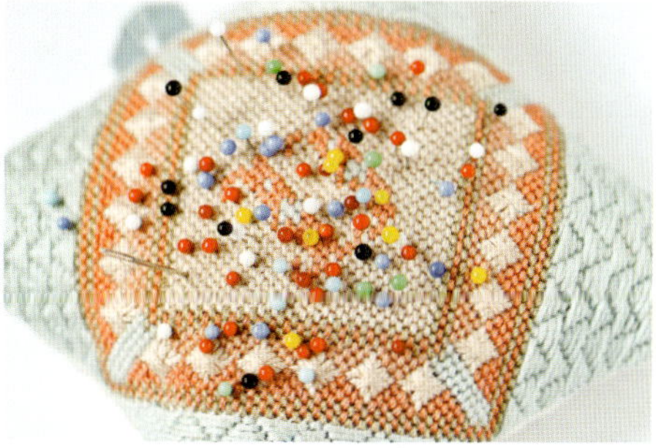

有机玻璃头的大头针在把不同的部分缝合在一起时非常有用。

毛线缝针在缝合和收尾时非常有用。选择针眼大的以方便穿线。

用线

中粗线钩织的作品比较规整。本书中的大部分作品是用中粗线制作的。表现细节时需要用到细线。书中每一种款式都给出了选用的颜色，你也可以选择自己喜爱的颜色代替，不过，线的粗细要与款式中相同。最好用天然材质的线，如羊毛线或棉麻线，不要用100%的腈纶线来钩像袜子一样的婴儿鞋，特别是没有任何系带或其他固定的方法时，因为腈纶线不像天然材质那样不易变形。

线的规格

1 超细/4股
2 细/运动/婴儿
3 中粗/8股
4 粗/阿伦/12股

钩织技法

钩织能用非常简单的技法钩出相当复杂多样的作品。只要你学会了钩锁针，就能开始钩任何想钩的针法了。

持针和握线

想要顺利地钩织，第一步要学习正确的持针和握线的方法。

大部分人像握笔或拿刀一样持针，你可以通过实践找出自己觉得最舒服的方法。

为了控制毛线用量和保持织物的平整，握线方法为将线从线团上松松地扯出缠在左手小拇指上，靠近钩针一端的线绕在食指上，用中指一起协助食指握住毛线。如果是左撇子，就换成左手持针右手握线。

学会打活结

打活结是钩织任何作品的第一步。学会打活结，你就踏上钩织的旅程了。

将线绕个环，把钩针插入环中，钩上连着线团那头的线，将线从环中拉出，针上形成一个环，轻轻拉线，把钩针上的环拉紧。活结完成。

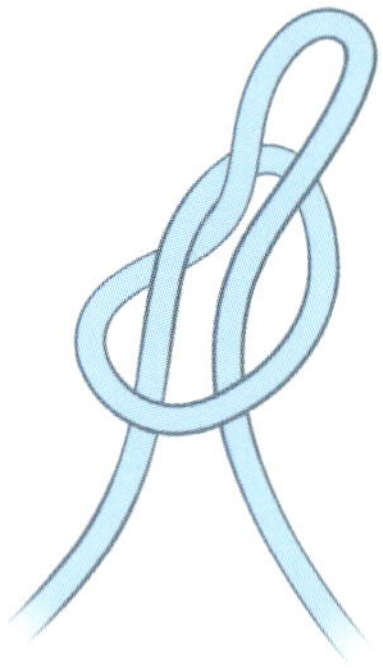

钩锁针

钩锁针前，需要先在钩针上打好一个活结。右手持针，左手握线，针上绕线。将线从活结中拉出，形成一个新的线圈，即完成第1针。

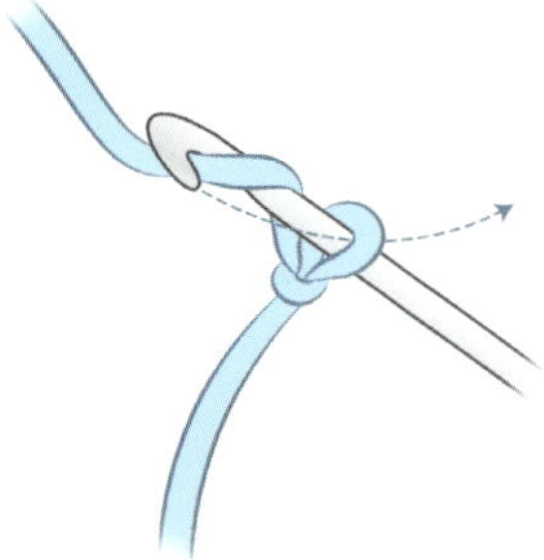

针上绕线，将线从线圈中拉出，形成一个新的线圈，完成第2针。重复直到钩的锁针达到所需长度。用拇指和别的手指一起自上而下捋过整条锁针，使之平顺。

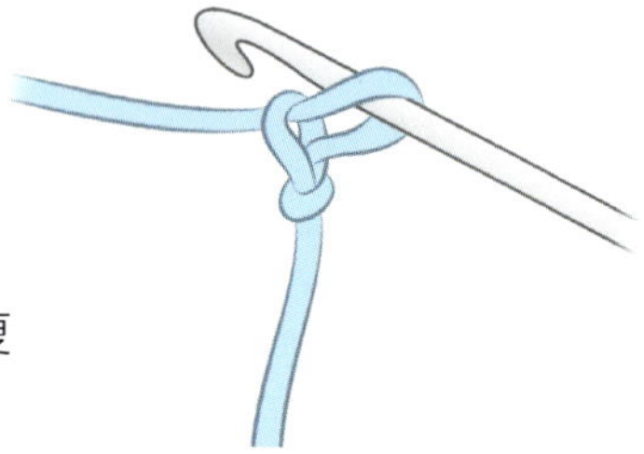

怎样数锁针的针数

在作品正面数针数。这一面的V字形更清晰易辨，第1个活结不算，每个V字形算一个锁针。

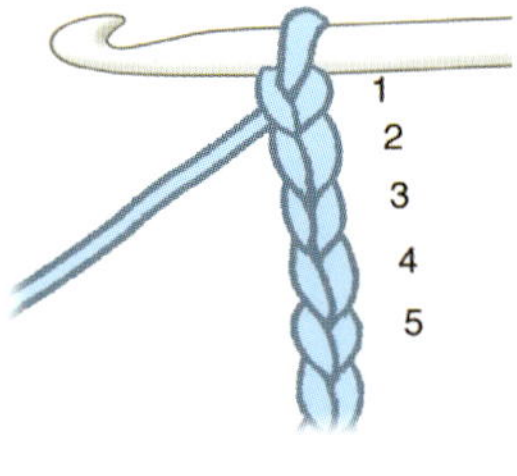

钩引拔针

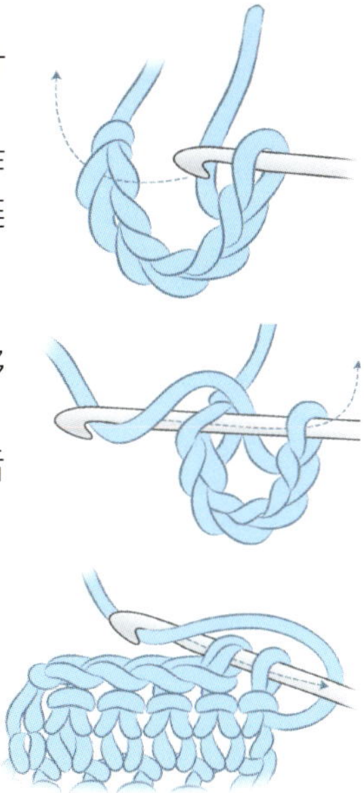

引拔针是所有针法中最短的针法，它的主要作用是将针与针连接在一起(比如形成环)和将针线从一个位置移到另一个位置。将钩针从前往后插入针目。针上绕线，将线从插入线圈和针上线圈中同时拉出。此时针上有一个线圈，这样即钩成一针引拔针。

一般钩针从针目的两个线圈下插入，不过，在起始锁针上钩引拔针时，只插入后线圈。

按圈钩织

钩一个锁针环

根据式样把锁针链钩到所需的长度，用引拔针把第1针和最后1针连在一起。在锁针环上钩第1圈。

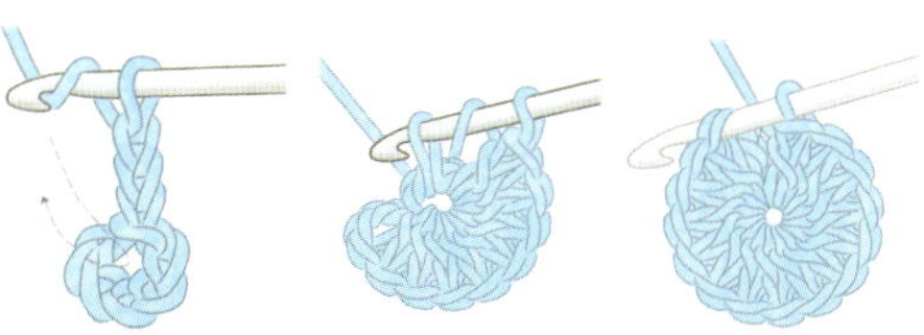

围绕基础链的锁针钩

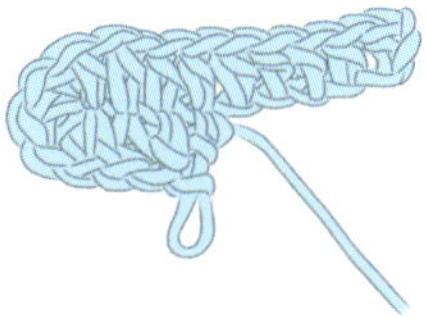

钩鞋底时，需要围绕基础链的锁针钩。首先在每个锁针上钩直到最后1针，在最后1针中钩一定的针数，翻转，继续在基础链剩余的线圈上钩到最后1针，在最后1针中钩一定的针数，用引拔针连成环。

在前线圈上钩，在后线圈上钩，或在剩余的线圈上钩

在每一针的头上有2个线圈。离你远的线圈是后线圈，离你近的是前线圈。在基础链上钩织时，织物的底部会剩余一个线圈,这就是剩余的线圈。

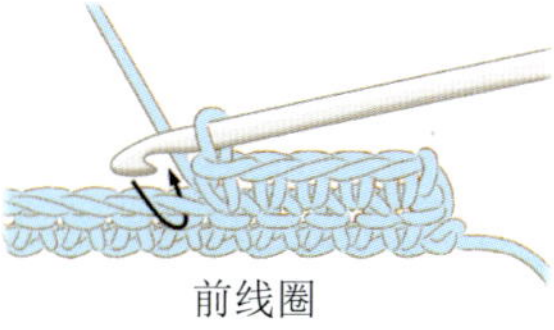

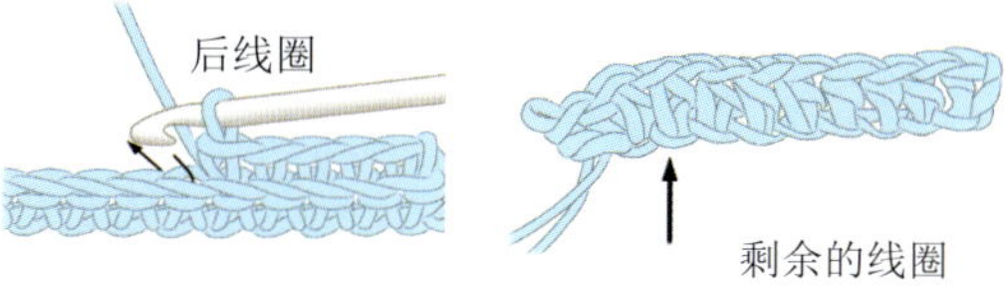

引入线

当在织物中间引入线时，最后一步用新线完成。例如，换线时如果钩短针(见下面的内容)，第1步用原来的线钩，第2步换新线钩。

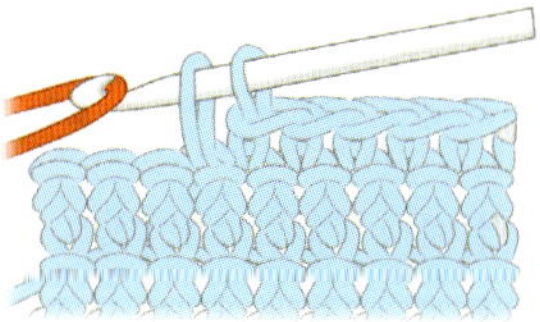

基础针法

短针

1.把钩针从前向后插入下面的针目，挂线，将线从该针目的线圈中钩出。这样钩针上会有2个线圈。

2.挂线，将线从2个线圈中钩出，短针完成。

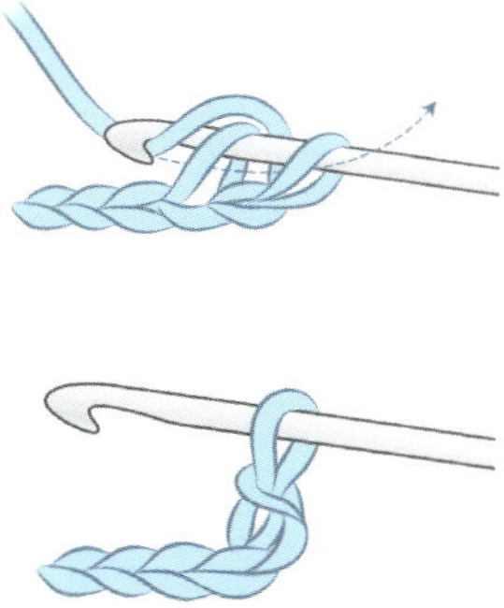

长针

这种针法更长一些，钩出来的东西更稀疏。

1.从后向前把线绕在钩针上（挂线），把钩针从前向后插入下面的针目中，再次挂线，将线从针目中拉出。

2.这时钩针上有3个线圈，挂线，从2个线圈中拉出。

3.这时钩针上有2个线圈，挂线，从剩余的2个线圈中拉出，长针完成。

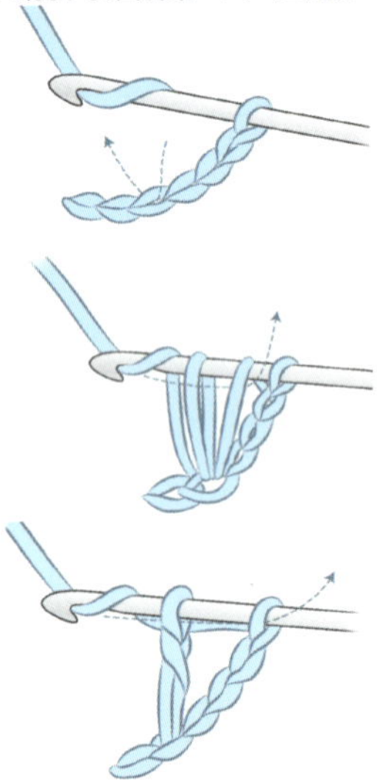

中长针

中长针比长针短一些，在第2步中一下子从所有剩余的线圈中拉出。

特殊针法

短针2针并1针

开始钩短针，但不钩完，钩针上留2个线圈。把钩针插入下一针，把线拉出来，这样在钩针上有3个线圈，挂线，从钩针上的3个线圈中拉出，这一针完成。

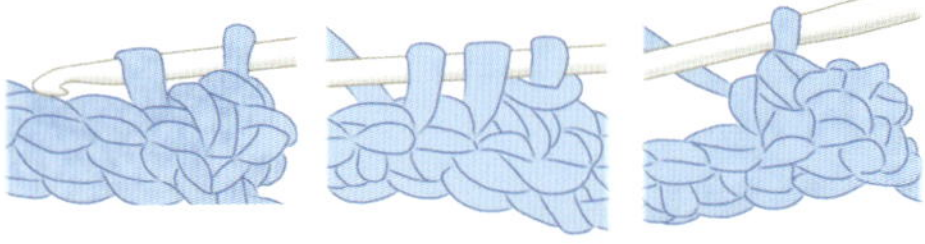

长针2针并1针

开始在下一针钩长针，但不钩完，钩针上留2个线圈。在下一针钩另一个不完全的长针，这样在钩针上有3个线圈，挂线，从钩针上的3个线圈

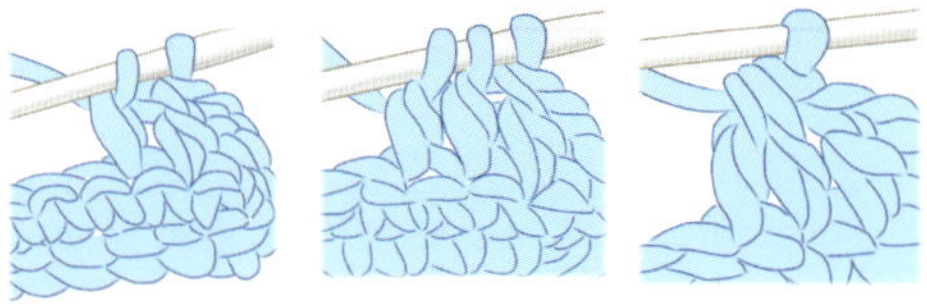

中拉出，这一针完成。

长针8针并1针

开始在下一针钩长针，但不钩完，钩针上留2个线圈。在接下来的7针上钩不完全的长针，这样在钩针上有9个线圈，挂线，从钩针上的9个线圈中拉出，这一针完成。

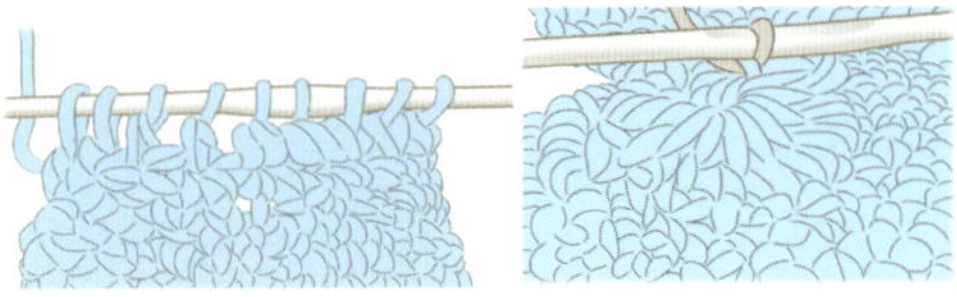

钩长针10针并1针、长针11针并1针、长针12针并1针，都是按照长针8针并1针的步骤，只是把10针、11针、12针钩在一起。

螃蟹针

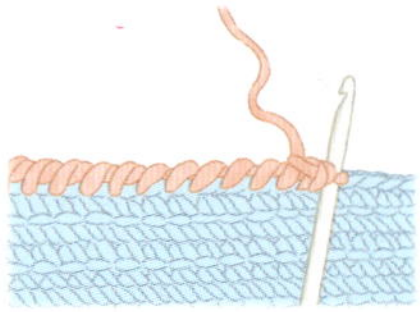

当最后1行钩完后，不要翻转，*把钩针插入从右边数的第1针，挂线，把线拉出，挂线，把线从钩针上的2个线圈中拉出。从*重复至右端。

正浮长针

挂线，从前向后绕着下一针的线柱把钩针插入，挂线，把线拉出，这样在钩针上有3个线圈，按通常长针的钩法钩完。

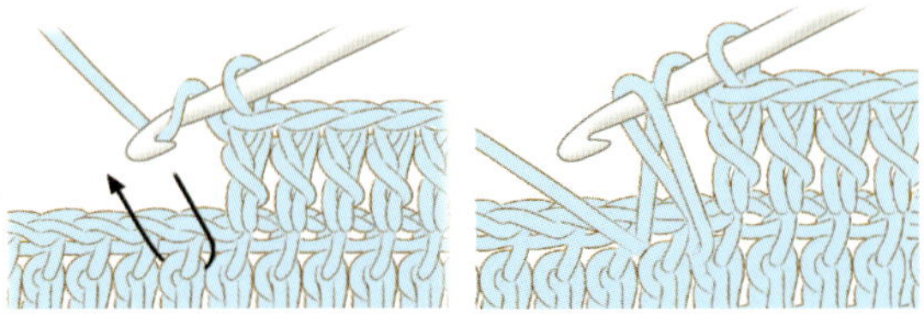

反浮长针

挂线，从后向前绕着下一针的线柱把钩针插入，挂线，把线拉出，这样在钩针上有3个线圈，按通常长针的钩法钩完。

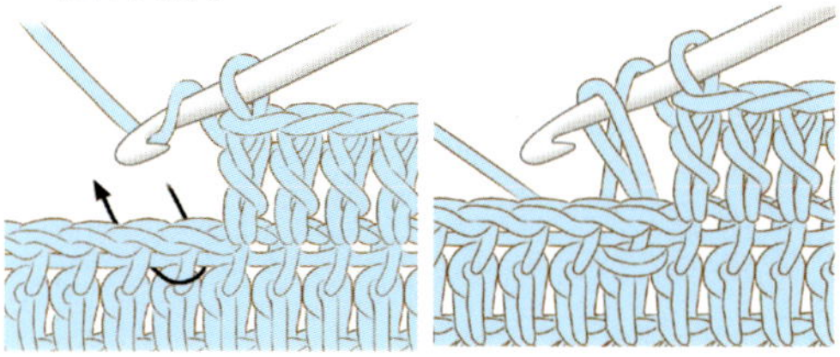

V形针

在同一针中钩(1长针，1锁针，1长针)。

束针

*挂线，把钩针插入指定的针中，拉出1个线圈，挂线，从两个线圈中拉出。从*再重复2次，挂线，从所有的4个线圈中拉出。

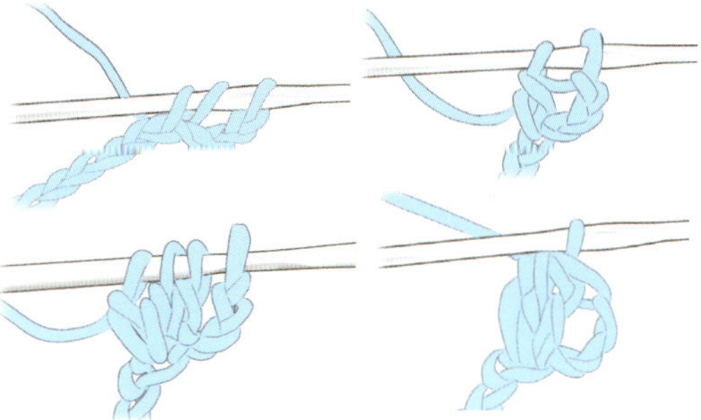

贝壳束针

在同一针中钩(1束针,3锁针,1束针,3锁针,1束针,3锁针,1束针)。

贝壳针

在同一针中钩(1长针,2锁针,1长针,2锁针，1长针)

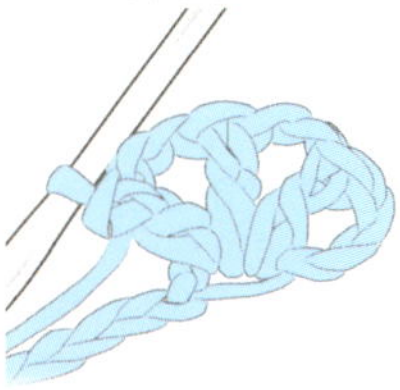

收尾

打结剪断线

1.最后1针拉紧后，把线剪断，留下约15厘米长的线头以藏进织物中。
2.把线头从最后的线圈中拉出,拉紧。

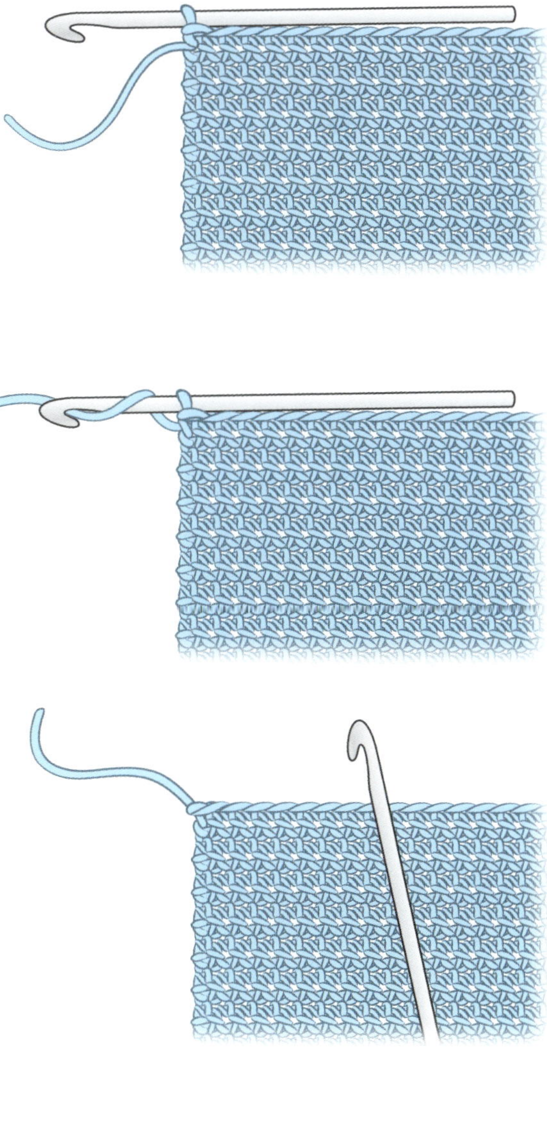

藏线头

1.用毛线缝针把线穿入织物的针脚中，把线固定好。

2.剪去多余的线。

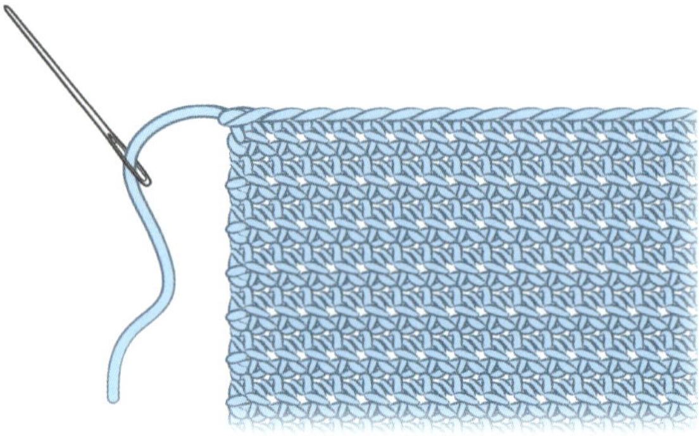

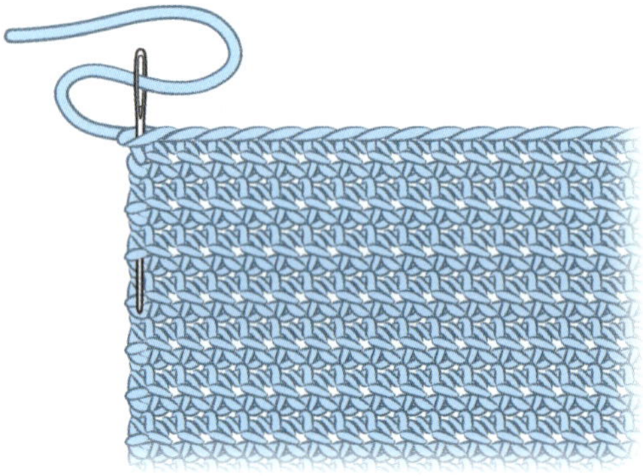

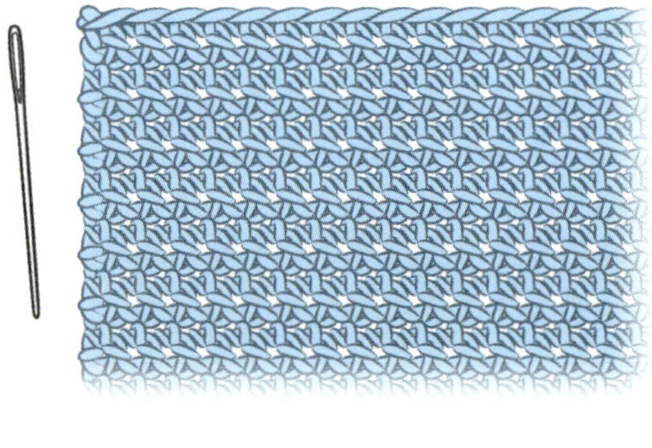

拧线绳

量出线绳所需长度约四倍的线，剪断，把线的中间挂在钩子或门把手上。用手把两段线拧搓在一起。线拧得越紧，做出来的绳越紧实，不过，这也会使绳的长度缩短。把线从钩子上取下来，捏住中间，把两端放在一起，两段线应该相互缠绕。把形成的绳子拉紧，捋顺，两头打结，用剪刀修剪整齐。

回针缝

本书中的一些作品需要把接缝处的针脚缝在一起，这时用回针缝比较合适。下面介绍的是从右向左回针缝的方法。

1.把针从织物后面穿出来，向右缝1针。

2.接着针从织物后面穿出来，穿出的位置在第1针开始处左边1个针脚处。

3.向右缝1针，插入的位置在第1针开始处。

4.重复上述过程，直到行末。

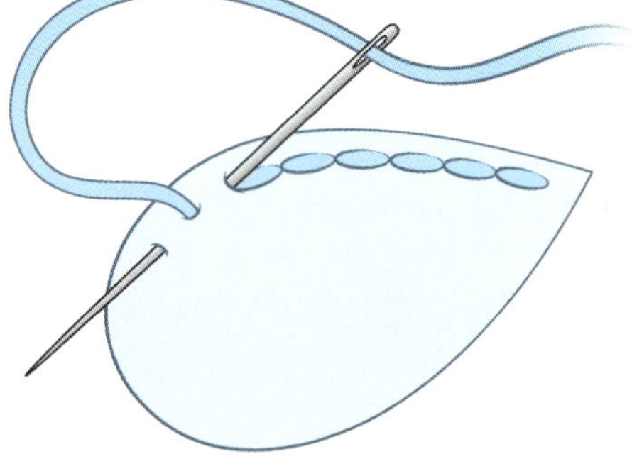

鞋底

本书中所有的作品几乎都是从钩鞋底开始的。鞋底1用于中粗线钩织的作品，鞋底2用于更粗的粗线钩织的作品。两种鞋底都要在每圈末与第1个中长针连在一起形成1圈，从下一针开始钩下一圈，而不是从完成前1圈连起来的那1针开始。钩完鞋底后线是否剪断，要根据作品的说明来处理。

双层鞋底用于一部分靴子和所有的凉鞋。凉鞋的鞋面主要由带子组成，比较单薄，双层鞋底有助于鞋子更结实、耐穿、不变形。大部分凉鞋用中粗线钩织，所以需要选用双层的鞋底1。唯一的例外是104页的“皮革编织凉鞋”，是用粗线钩织的，所以需要选用双层的鞋底2。钩双层鞋底时始终要注意，要用正确数量的引拔针把鞋底连在一起，这样在钩鞋面时才能保持正确的针数。

鞋底1

适合年龄：

0～6个月，鞋底长度9cm

6～12个月，鞋底长度10cm

6～12个月的变化列在方括号 [ ] 内

第1圈： 11[13]锁针，在从钩针数的第3针锁针上钩中长针，在接下来的7[9]针上各钩1中长针，在最后一针锁针上钩6中长针。在对面接着钩，接下来的7[9]针上各钩1中长针，在下1锁针上钩5中长针，用引拔针与第1针中长针连成1圈。

第2圈： 1锁针，接下来的8[10]针上各钩1中长针，下面的5针上各钩2中长针，接下来的8[10]针上各钩1中长针，下面的5针上各钩2中长针。用引拔针与第1针中长针连成1圈。

第3圈： 1锁针，接下来的8[10]针上各钩1中长针，*下1针上钩2中长针，下1针上钩1中长针；从*再重复4次，在接下来的8[10]针上各钩1中长针，从*再重复5次，用引拔针与第1针中长针连成1圈。

鞋底2

适合年龄：

0～6个月，鞋底长度9cm

6～12个月，鞋底长度10cm

6～12个月的变化列在方括号 [ ] 内

第1圈： 9[11]锁针，在从钩针数的第3针锁针上钩中长针，在接下来的5[7]针上各钩1中长针，在最后一针锁针上钩6中长针。在对面接着钩，接下来的5[7]针上各钩1中长针，在下1针锁针上钩5中长针，用引拔针与第1针中长针连成1圈。

第2圈： 1锁针，接下来的6[8]针上各钩1中长针，下面的5针上各钩2中长针，接下来的6[8]针上各钩1中长针，下面的5针上各钩2中长针，用引拔针与第1针中长针连成1圈。

第3圈： 1锁针，接下来的6[8]针上各钩1中长针，(接下来的1针上钩2中长针，接下来的1针上钩1中长针)5次，接下来的6[8]针上各钩1中长针，(接下来的1针上钩2中长针，接下来的1针上钩1中长针)5次，用引拔针与第1针中长针连成1圈。

双层鞋底

钩双层鞋底时，根据作品的用线确定选用鞋底1还是鞋底2，这两种鞋底连接的方法是相同的。

先钩2只鞋底，第1只鞋底打结后剪断

线，第2只鞋底线不剪断(见图中1)。把鞋底的反面对在一起，把第2只鞋底放下面，把钩针上的线圈拉过第1只鞋底(见图中2)，把2只鞋底连在一起。沿圈钩引拔针(穿过上下两层的4个线圈)，鞋底1钩46 [50]针引拔针，鞋底2钩42 [46]针引拔针，打结后剪断线(见图中3)。

注意： 当用双层鞋底时，大部分作品的鞋面是从一边开始钩的。中间有9 [11]针。每种款式都会规定是否从中间的针目(或其他针目)开始钩。应该如图所示从右到左数针目。

防滑鞋底

在宝宝自己迈开第一步之前，你都不用担心鞋底是否能防滑。不过，一旦迈出第一步，就强烈推荐防滑鞋底。防滑鞋底有几种不同的制作方法。

翻毛皮鞋底： 从翻毛皮上剪下一只鞋底，用大号毛线缝针在边缘上扎一圈孔洞。孔洞要足够大，要能插入钩针钩织。鞋面第1圈的每1针都需要1个洞。鞋底做好后，以其为基础钩鞋面。钩第1圈时用尽可能小的钩针，以便容易插入孔洞。随后几圈换成款式指定的钩针。

增加纹路： 可以在鞋底上缝上些东西，如宽条的松紧带或装饰带，让鞋底形成粗糙的纹路。你也可以用从手工商店里买来的特殊的不干胶贴面。

棉花彩颜料： 可以买一种叫棉花彩颜料的产品，在鞋底上加上点状物。有些产品需要热处理(用熨斗)使产品膨胀，有些不需要。开始先钩鞋底，最好同时把2只鞋底都钩好，这样可以节省等待颜料变干的时间。钩好鞋底后打结，结不要太紧，这样，在鞋底处理完之后，你可以解开结(如果款式需要的话)，继续钩鞋面。确定鞋底不需要改动了，按照使用说明来上棉花彩颜料。一旦颜料膨胀起来后，就可以开始钩鞋面部分了。